"十一五"国家重点图书
中国气象局科普项目资助
农村气象防灾减灾科普系列丛书

杨梅优质高产栽培与气象

金志凤 求盈盈 王立宏 编著

图书在版编目(CIP)数据

杨梅优质高产栽培与气象/金志凤，求盈盈，王立宏编著.
北京：气象出版社，2010.12
（农村气象防灾减灾科普系列丛书）
"十一五"国家重点图书　中国气象局科普项目资助
ISBN 978-7-5029-5116-0

Ⅰ.①杨…　Ⅱ.①金…②求…③王…　Ⅲ.①气象-关系-杨梅-果树园艺-问答　Ⅳ.①S667.6-44

中国版本图书馆CIP数据核字(2010)第238248号

杨梅优质高产栽培与气象
Yangmei Youzhi Gaochan Zaipei yu Qixiang

出版发行：	气象出版社
地　　址：	北京市海淀区中关村南大街46号
邮政编码：	100081
网　　址：	http://www.cmp.cma.gov.cn
E-mail：	qxcbs@cma.gov.cn
电　　话：	总编室 010－68407112，发行部 010－68409198
策划编辑：	崔晓军　王元庆
责任编辑：	崔晓军
终　　审：	黄润恒
封面设计：	博雅思企划
责任技编：	吴庭芳
责任校对：	永　通
印 刷 者：	北京奥鑫印刷厂
开　　本：	787 mm×1 092 mm　1/32
印　　张：	3.5
字　　数：	79千字
版　　次：	2010年12月第1版
印　　次：	2010年12月第1次印刷
印　　数：	1～5 000
定　　价：	9.00元

本书如存在文字不清、漏印以及缺页、倒页、脱页等，请与本社发行部联系调换

《农村气象防灾减灾科普系列丛书》
编委会

主　编：沈晓农

副主编：李　慧　王春乙　刘燕辉

编　委（以姓氏笔画为序）：

　　　　王元庆　王存忠　刘文泉

　　　　成秀虎　吴建忠　张　斌

　　　　陈　烨　林方曜　崔晓军

序

我国是世界上气象灾害最严重的国家之一。据统计,每年因各种气象灾害造成的农作物受灾面积达5 000多万公顷,经济损失超过2 000亿元。随着全球气候持续变暖,我国农业生产面临着更大的自然风险。

农业、农村、农民问题关系党和国家事业发展全局。党中央、国务院历来高度重视气象为"三农"服务工作。2008年中央一号文件明确要求,要充分发挥气象为农业生产服务的职能和作用,加强农业防灾减灾体系的建设和农业应对气候变化的能力建设。胡锦涛总书记在2008年6月的"两院"院士大会上强调,要将灾害预防等科技知识纳入国民教育,纳入文化、科技、卫生"三下乡"活动,纳入全社会科普活动,提高全民防灾意识、知识水平和避险自救能力。党的十七届三中全会又进一步强调要加强农村防灾减灾能力建设,并明确提出,要加强灾害性天气监测预警,宣传普及防灾减灾知识,提高灾害处置能力和农民避灾自救能力,开发气象预报预测和灾害预警技术,开发利用风能和太阳能,加强农业公共服务能力建设等。

多年来,气象部门始终坚持把为农业服务作为气象工作的重要任务,努力为农村防灾减灾、粮食增产、农民增收、农业增效等方面提供气象保障服务,并动员全部门力量,积极联合各部门组织开展面向农村和农民的气象科普活动,取得了初步成效。2008年11月,《中国气象局关于贯彻落实〈中共中央关于推进农村改革发展若干重大问题的决定〉的指导意见》明确提出了在农村开展宣传普及气象科技和气象灾害防御知识的任务,要求"建设农村气象科普教育基地,促进农村气象科技和气象灾害防御知识的宣传普及,提高农村气象科普宣传的力度、广度和深度,积极推动农村气象防灾减灾知识和技能的宣传教育下乡、进村、入户,提高农民气象灾害防御意识和避灾自救能力"。中国气象学会和气象出版社组织气象科普专家编写的《农村气象防灾减灾科普系列丛书》,针对我国现代农业、农村、农民的特点,从气象与农村生产、生活的关系及影响出发,面向农民群众普及各类气象灾害常识和防御要点,针对性强、通俗易懂。该丛书将通过"农家书屋"工程等渠道向全国发放。

面对农业生产和农村改革发展的新形势和新要求,气象部门一定要进一步增强农村气象防灾减灾和农业应对气候变化的能力,大力加强农村公共气象服务体系建设,充分发挥气象为农村改革发展服务的作用,大力推动面向农村和农民的气象科普活动,努力增强广大农民群众的气象防灾减灾、应对气候变化的科学意识和素质,为推动农村改革发展作出新的更大的贡献。

中国气象局局长 郑国光

2008年11月于北京

目 录

一、概 述

1. 我国哪些地方为杨梅栽培最适宜区,自然环境特点如何 …………………………………………………… (1)
2. 我国哪些地方为杨梅栽培适宜区,自然环境特点如何 …………………………………………………… (2)
3. 我国哪些地方为杨梅栽培次适宜区,自然环境特点如何 …………………………………………………… (3)
4. 我国的杨梅分哪几个大类 ………………………… (4)
5. 杨梅果实有何营养价值和药用价值 ……………… (5)

二、杨梅与环境条件的关系

6. 杨梅栽培对温度有什么要求 ……………………… (6)
7. 杨梅栽培对水分条件有什么要求 ………………… (8)
8. 杨梅栽培对光照条件有什么要求 ………………… (9)
9. 杨梅栽培对风有什么要求 ………………………… (9)
10. 杨梅栽培对土壤有什么要求 …………………… (10)
11. 海拔高度对杨梅生育期和产量有什么影响 …… (11)
12. 海拔高度对杨梅品质有什么影响 ……………… (13)
13. 杨梅园选址时如何考虑地形(坡度和坡向)的影响 …………………………………………………… (14)
14. 设施栽培对杨梅生长发育和产量、品质有什么影响 …………………………………………………… (15)

三、杨梅主要气象灾害及防御措施

15. 越冬期低温冻害对杨梅有何影响,如何防御 ……… (17)
16. 开花期低温低湿对杨梅有何影响,如何防御 ……… (18)
17. 梅汛期暴雨对杨梅产量有何影响,如何防御 ……… (20)
18. 果实成熟期的高温热害对杨梅有何影响,如何防御
    …………………………………………………………… (21)
19. 7—8月的干旱对杨梅有什么影响,如何防御 …… (22)
20. 大风(台风)对杨梅有哪些影响,如何防御 ……… (23)
21. 大雪(积雪)对杨梅有何影响,如何防御 ………… (25)
22. 冰雹对杨梅有何影响,如何防御 ……………………… (26)

四、杨梅优质高产栽培技术

23. 如何提高杨梅春栽小苗的成活率 …………………… (27)
24. 如何提早幼龄杨梅树的结果期 ……………………… (28)
25. 杨梅大树移栽需要注意哪些问题 …………………… (29)
26. 杨梅施肥时需要注意哪些营养元素 ………………… (30)
27. 不同树龄的杨梅树如何合理施肥 …………………… (32)
28. 杨梅栽培过程中如何做好水分管理 ………………… (34)
29. 如何做好杨梅的整形修剪 …………………………… (35)
30. 杨梅修剪一般在什么时候比较适宜 ………………… (37)
31. 如何做好杨梅的促花保果工作 ……………………… (38)
32. 杨梅为什么要疏花疏果,有哪些方法 ……………… (40)
33. 什么叫杨梅高接换种,具体方法如何 ……………… (41)
34. 高接换种杨梅怎样管理 ……………………………… (43)

35. 什么叫避雨栽培,杨梅避雨栽培需要注意哪些问题 ……………………………………………………………（44）
36. 杨梅防冻害的措施有哪些 ……………………（45）

五、杨梅常见病虫害和防治措施

37. 杨梅癌肿病的症状和发病规律是怎样的,如何防治 ……………………………………………………………（47）
38. 杨梅褐斑病的症状和发病规律是怎样的,如何防治 ……………………………………………………………（48）
39. 杨梅根腐病的症状和发病规律是怎样的,如何防治 ……………………………………………………………（49）
40. 杨梅根结线虫病的症状和发病规律是怎样的,如何防治 ……………………………………………………（50）
41. 杨梅干枯病的症状和发病规律是怎样的,如何防治 ……………………………………………………………（51）
42. 杨梅赤衣病的症状和发病规律是怎样的,如何防治 ……………………………………………………………（52）
43. 杨梅枝腐病的症状和发病规律是怎样的,如何防治 ……………………………………………………………（54）
44. 杨梅白腐病的症状和发病规律是怎样的,如何防治 ……………………………………………………………（54）
45. 杨梅梢枯病的症状和发病规律是怎样的,如何防治 ……………………………………………………………（56）
46. 杨梅肉葱病的症状和发病规律是怎样的,如何防治 ……………………………………………………………（56）
47. 杨梅储藏期常出现哪些病害,如何防治 …………（57）

48. 杨梅蓑蛾类虫害有哪些特征,如何防治 …………… (58)
49. 杨梅蚧类虫害有哪些,怎样防治 ………………… (61)
50. 杨梅果蝇有哪些形态和发生规律,如何防治 ……… (62)
51. 杨梅粉虱有哪些形态和发生规律,如何防治 ……… (64)
52. 油桐尺蠖有哪些形态和发生规律,如何防治 ……… (65)
53. 杨梅小细蛾有哪些形态和发生规律,如何防治 …… (67)
54. 杨梅白蚁有哪些形态和发生规律,如何防治 ……… (68)

六、杨梅气象服务

55. 什么叫气象服务,气象服务对发展杨梅产业有何意义
   ……………………………………………………… (69)
56. 气象部门为什么要开展杨梅物候期观测,观测要求
   是什么 …………………………………………… (71)
57. 杨梅物候期观测的主要内容是什么 ……………… (72)
58. 杨梅气象观测中为什么要进行农业气象灾害和病
   虫害的观测与调查,分别需要观测和记录哪些内容
   ……………………………………………………… (74)
59. 春季杨梅气象服务的主要内容有哪些 …………… (77)
60. 夏季杨梅气象服务的主要内容有哪些 …………… (79)
61. 秋季杨梅气象服务的主要内容有哪些 …………… (83)
62. 冬季杨梅气象服务的主要内容有哪些 …………… (84)
63. 省级气象部门农业气象服务产品主要有哪些 …… (85)

七、杨梅主要优良品种和特性

64. 东魁种杨梅有哪些特性 …………………………… (88)
65. 荸荠种杨梅有哪些特性 …………………………… (90)

66. 晚稻种杨梅有哪些特性 …………………………………（91）
67. 丁岙种杨梅有哪些特性 …………………………………（93）
68. 黑晶种杨梅有哪些特性 …………………………………（94）
69. 临海早大梅有哪些特性 …………………………………（95）
70. 三门桐子梅有哪些特性 …………………………………（96）
71. 杨梅有哪些地方特色品种 ………………………………（97）

一、概 述

1. 我国哪些地方为杨梅栽培最适宜区，自然环境特点如何

我国杨梅栽培最适宜区有五个：

第一，太湖及杭州湾南岸地区。主要包括江苏南部、浙江北部及杭州湾南岸地区，属北亚热带季风气候。江苏的无锡、吴县、宜兴、常熟等地产西山乌梅、大叶细蒂梅；杭州湾南岸地区的萧山、余姚、慈溪、定海等地，为我国杨梅最著名的产区，也是四大良种荸荠种杨梅、东魁种杨梅、丁岙梅和晚稻杨梅的主要生产地。

第二，浙闽沿海地区。主要位于杭州、宁波、定海一线以南，龙岩、厦门一线以北，黄山、仙霞岭、武夷山以东的浙江、福建沿海地区，属于中亚热带湿润季风气候。主产区有浙江的临海、黄岩、温州、乐清及福建的福鼎、建阳、建瓯等，是我国紫红杨梅的集中产地，优良品种有丁岙梅、临海大杨梅和东魁种杨梅等。

第三，华南沿海地区。位于华南沿海，包括福建南部、广东南部和广西南部，属南亚热带季风湿润气候。该区栽培的杨梅树生长快，优质、丰产，大小年幅度小，优良品种有乌酥核梅等。

第四，滇黔高原地区。位于我国西南地区，包括贵州大部、四川东南部和云南中北部，地势高亢，由于海拔高，属中亚热带季风气候。此区夏无酷暑，冬无严寒，适于杨梅生长。此

区野生杨梅资源十分丰富,火炭梅为主要优良品种。

第五,滇南高原地区。位于云南省南部地区,海拔高,由于西南季风影响,热量充足,夏半年湿热,冬半年干暖,属南亚热带季风气候,是我国唯一适合全缘叶杨梅和大杨梅生长的地区。这两种杨梅集中分布在我国与缅甸、老挝交界的西双版纳和德宏等地,也有普通杨梅分布。

以上五个地区是我国杨梅最适宜栽培生态区,总的气候特点是:年平均气温多在15 ℃以上,年极端最低气温除个别地点外高于－9 ℃,年平均降水量多在1 000 mm以上,5月份的干燥度小于1.0(干燥度是指一个地区某一时段内的蒸发量与降水量的比值。干燥度大于1,表示蒸发量大于同期的降水量,气候干燥;干燥度小于1,就表示该地的蒸发量小于同期的降水量,气候湿润),空气相对湿度高于80%,属北、中和南亚热带季风湿润气候,利于杨梅树的开花、结果和生长。这些地方的地形多为低山丘陵或高原,土壤为红壤和黄壤。

2. 我国哪些地方为杨梅栽培适宜区,自然环境特点如何

我国杨梅栽培适宜区有五个:

第一,江南丘陵区。位于雪峰山以东,太湖、黄山、武夷山以西,南岭山脉以北和长江以南广大地区,主要包括湘、赣两省,为江南丘陵红壤和黄壤区,属中亚热带季风气候。由于湘江、赣江流域盆地7—8月高温期长,伏旱重,导致杨梅种植成活率低,并影响大树产量和果实品质。本区多系实生树,近年引进较多优良品种。

第二,湘西黔东区。包括湘西及黔东,为江南丘陵及贵州

高原的过渡地带,属中亚热带季风气候。冬少严寒,夏少酷暑,越冬条件较好。降水丰沛,夏旱不严重,春秋多连阴雨,越冬安全,高温干旱危害不明显。杨梅主要分布在湘西的怀化、会同、靖州苗族侗族自治县、通道侗族自治县和双牌等地,有地方品种 30 多个。其中靖州杨梅、小叶大颗杨梅为主栽品种。

第三,四川盆地地区。周围山地高度 1 000~2 000 m,属中亚热带气候。由于北部有高山阻挡冷空气入侵,因此越冬条件较好,土壤有机质较丰富。杨梅分布在盆地周围山地,包括南江、成都、重庆、江津、合江等地。

第四,南岭山地及桂北区。位于南岭山地西南部,包括湘南、赣南和粤北、桂北地区,以中低山和丘陵为主。本区为中亚热带气候,杨梅越冬条件好,但花期雨期过长,影响杨梅产量和品质。本区以实生的普通杨梅为主,并有部分矮杨梅。

第五,雷州半岛区。包括整个雷州半岛,属北热带季风气候,土壤为砖红壤,夏热冬暖,雨量充沛,但有明显的干、湿季。杨梅分布不多,主要为实生杨梅,部分为青杨梅。果实成熟期常遇干旱季节,影响果实品质。

3. 我国哪些地方为杨梅栽培次适宜区,自然环境特点如何

我国杨梅栽培次适宜区有三个:

第一,长江中下游北岸。位于淮河以南,武当山、武陵山以东和太湖以北地区,属北亚热带季风气候。由于位置偏北,冬季气温低,杨梅易遭冻害,春季雨水较少,干燥度大,杨梅品质差。

第二,汉水上、中游地区。包括秦岭、大巴山地及其间的汉水上、中游各地,南阳盆地、襄樊谷地及白龙江谷地。由于秦岭对南北气流的阻挡,冬季气候较温和,杨梅能安全越冬,但积温低,春季降雨量少,干燥度大,影响杨梅正常生育和产量品质。因此,本地区仅有野生杨梅分布,栽培面积不多。

第三,台南及海南岛地区。包括台南和海南岛,由平原、台地、丘陵构成,土壤为砖红壤,热带季雨林植被,北、中热带季风气候,气温高,降水较丰富,花期(2—3月)天气晴朗,但因果实成熟期早,成熟期间的月降水量仅 40～100 mm,干燥度大,严重影响杨梅果实的发育和品质。杨梅产于儋县、琼海、万宁、陵水等海拔 800～900 m 的坡地。10月开花,翌年2—3月成熟,只能供药用,不宜鲜食。

我国杨梅栽培次适宜区基本属北亚热带季风气候,由于位置偏北,冬季气温低,杨梅易遭冻害,春季雨水较少,干燥度大,杨梅品质较差。

4. 我国的杨梅分哪几个大类

杨梅为杨梅科杨梅属植物,本属植物在我国有六个大类:

第一,杨梅。杨梅为常绿乔木,高 5～12 m。幼树树皮光滑,呈黄灰绿色,老树为暗灰褐色,表面常有白晕斑,多具浅纵裂。叶革质,叶面富光泽,深绿色,叶背淡绿色,叶面、叶背平滑无毛。杨梅为雌雄异株,果较大,圆球形。杨梅主要分布在长江以南各省。我国经济栽培的杨梅均属于这一种,根据栽培性状又可分为野杨梅(常作砧木用)、红野梅、乌杨梅、白杨梅、早性梅、大叶杨梅,后两种为良好的育种材料。

第二,毛杨梅。毛杨梅为常绿乔木,高 4～11 m。幼枝白色,密被茸毛。树皮淡灰色。叶片无毛,叶柄稍有白色短柔毛。果小,卵形。分布于云、贵、川海拔 1 600～2 300 m 处,东南亚也有分布。

第三,青杨梅。青杨梅又称细叶杨梅,灌木或乔木,高 1～6 m。幼枝纤细。叶背、叶面密布腺体,中脉有短柔毛,叶柄无毛。果椭圆形,红色或白色,单果重 5～10 g。10—11 月开花,翌年 2—5 月果实成熟。果实腌渍后可食,并可入药。主要产于海南和广西。

第四,云南杨梅。云南杨梅又称矮杨梅,常绿灌木,高 1 m。叶面叶脉凹下,背面凸起,叶柄极短,树梢有短柔毛。果小,卵圆形,稍扁。主要产于云南和贵州的海拔 1 500～2 800 m 高山。

第五,大杨梅。高大乔木,高 15 m 左右,主要分布在云南南部和西南部海拔 900～1 400 m 的山坡上。果实可食用,可加工果脯、果酱。

第六,全缘叶杨梅。灌木或乔木,高 8～10 m。分布在云南西南边境山地或落叶、常绿阔叶混交林中。

5. 杨梅果实有何营养价值和药用价值

杨梅果实风味独特,甜酸适口,具有很高的营养保健价值,是天然的绿色保健食品。杨梅果实中钙、磷、铁含量要高出其他水果 10 多倍,除了含有丰富的碳水化合物、纤维素、蛋白质、氨基酸、有机酸、矿物质、维生素和果胶外,还含有丰富的花色素和类黄酮等成分,具有较强的抗氧化和抗衰老的作用。杨梅果实所含的果酸既能开胃生津,消食解暑,又有阻止体内的糖分向脂肪转化的功能,有助于减肥。

杨梅有生津止渴、健脾开胃之功效,多食不仅无伤脾胃,且有解毒祛寒之功效。杨梅的果实、核、根、皮均可入药,性平、无毒。果核可治脚气;根可止血理气;树皮泡酒服用可治跌打损伤、红肿疼痛等症,还可用于骨折、牙痛、胃和十二指肠溃疡的辅助治疗,外用可治创伤出血、烧烫伤等。盛夏时节,食用白酒浸泡的杨梅会顿觉气舒神爽,有消暑解腻之功效。腹泻时,取杨梅熬浓汤喝下即可止泻,具有收敛作用。杨梅生食还有止呕吐、润肺止咳、解酒和增强食欲等功能。杨梅果仁富含维生素 B_{17},对癌症有疗效;果仁中所含的氰氨类、脂肪油等物质也有抑制癌细胞的作用。

杨梅叶子能提炼香精,叶子的有效成分杨梅黄酮具有收敛剂、兴奋剂和催吐剂的作用,可用于腹泻、黄疸性肝炎、淋巴结核、慢性咽喉炎等的治疗。杨梅的树皮素还具有抗氧化性和消除体内自由基的作用,所以广泛应用于医药、食品、保健品和化妆品。

二、杨梅与环境条件的关系

6. 杨梅栽培对温度有什么要求

杨梅是一种性喜温暖又较耐寒的亚热带果树,在我国长江以北地区,除陕西的汉中、安康和甘肃的武都等地因有良好的小气候资源而种植有少量杨梅外,其他地区均没有野生或栽培杨梅。

杨梅对温度条件的要求,与柑橘、枇杷等果树相似,最适宜的年平均气温为15~20℃,极端最低气温苗木要求不低于

−5 ℃,人工栽培的成年树要求不低于−9 ℃,否则容易遭受冻害。

温度是影响杨梅物候期最明显的环境因子。早春期间年际间温度的变化,往往决定杨梅树的物候期是提早还是推迟。例如,浙江兰溪等地,1987 年 3 月上旬的平均气温比历年平均值高了 2.7 ℃,而 1 和 2 月的平均气温比历年同期平均值分别高 1.3 和 1.5 ℃,因此,该年杨梅开花期比常年早了 10～15 天。

杨梅的耐寒性较强。在越冬期,当极端最低气温低于−9 ℃、日最高气温≤0 ℃连续出现 3 天或以上时,杨梅树的营养器官会受到冻害,从而降低杨梅当年产量;若极端最低气温低于−12 ℃,可使大枝或主干受害。

任何植物只有在一定的热量条件下才能生长发育。当外界温度低于植物生长发育的起始温度时,植物的生长就会受到抑制,或处于休眠状态。杨梅生长发育的起始温度,还未见专门报道。但多数喜温植物的起始温度是日平均气温稳定通过 10 ℃。一般认为,杨梅要求日平均气温≥10 ℃的活动积温在 4 500 ℃·d 以上,5 000～5 500 ℃·d 地区生长良好。我国杨梅主要产区的浙江,在 3 月中下旬日平均气温稳定通过 10 ℃,≥10 ℃的活动积温在 5 100～5 600 ℃·d 之间,适宜杨梅栽培。

温度对杨梅果实品质有一定影响。在 5—6 月份的杨梅果实迅速生长期和果实肥大成熟期,温度对果实品质影响明显。5—6 月温度过高会使果实含酸量增加,当出现日最高气温≥35 ℃的高温天气时,气温越高,持续天数越长,果实的含酸量越高。

此外,由于杨梅树冠高大而根系浅,高温对杨梅树的生长亦不利,特别是烈日照射,严重的可引起枝干焦灼枯死。

7. 杨梅栽培对水分条件有什么要求

杨梅是喜湿润的果树,如果栽植地点降水充沛,空气湿润,则树体健壮,寿命长,结实多,果实大而味甜汁多。

杨梅栽培要求年降水量在 1 000 mm 以上,我国主要杨梅产区的年降水量都在 1 000 mm 以上,有的地区多达 1 500 mm,利于杨梅生长发育。一年中,杨梅各生育期对降水量要求不同。杨梅的开花期(3月下旬—4月上旬),要求晴朗微风天气,以利于授粉,但切忌过分干燥,阻碍受精;幼果期(4月中旬—5月上旬),要求充足的光照,利于干物质合成,促进幼果生长;果实肥大转色期(5月中旬—6月上旬),要求天气晴朗,有适当的雨水,以促进果实转色和果实肥大;成熟采收期(6月中下旬),要求晴雨相间的天气,如果雨水太多,不仅会引起大量落果,而且果实采摘后不耐储藏,易腐烂。杨梅的采摘期较短,果实成熟后极易脱落。例如,2002年浙江杨梅产区梅雨偏迟,6月25日—7月10日连续降水,其中6月27日—7月1日为连续性中到大雨,这时恰逢高山杨梅采摘期,采摘杨梅极为困难,采收后也很难保存,结果是丰产不丰收。

6月份的降水量多少对杨梅的当年产量有着较大的影响。在杨梅主产省份浙江省的杨梅主产地区,如果6月份的降水量达到了 150 mm 或略多,果实生育正常,产量较高,品质较优。但当6月份降水量少于 100 mm 时,杨梅产量明显降低,这主要是因为6月份降水量偏少会抑制果实的充分肥大。

杨梅栽培地区要求有较高的空气湿度,在果实发育和肥大期要求空气相对湿度达到80%或以上。杨梅产区如果分布在湖泊(或大型水库)四周、河流沿岸、滨海、小岛或山峦深谷,气候受到大水体等调节,空气湿润,则利于杨梅正常生长和结果。

8. 杨梅栽培对光照条件有什么要求

杨梅是一种适应性强、有一定耐阴能力的阳性树种。在我国杨梅产区光能资源丰富,光合有效辐射和日照时数均能满足杨梅光合作用需要。在丘陵山区,春季到初夏(3—6月)季节,散射辐射所占比例较大,日照百分率小,这对杨梅果实生长和成熟是有利的。但在盛夏季节的空旷平地上,太阳辐射过强,日照百分率过大,对杨梅生育不利。因此,在阳光直射的南坡,一般杨梅树势较弱,生长不及北坡,果实发育也相对较差。而散射光比例较大的北坡,树势生长旺盛,果实大且品质优。实践证明,种植在山间谷地或与其他树木混栽的杨梅树,其产量和品质优于种植在山冈和空旷坡地上的杨梅树;栽植在山坞的又比种植在孤立小山丘上的好。

光照条件影响杨梅果实品质。一般来说,阳光照射较弱的杨梅树,其果实柔软多汁,风味浓厚;反之,阳光照射较强的杨梅树,其果实肉柱尖硬,汁少而味淡。

9. 杨梅栽培对风有什么要求

风对杨梅的影响主要是在开花期影响授粉受精。杨梅为雌雄异株,花期微风有利于雄花粉的散发、传授,从而提高坐果率。但在开花期如遇到干燥的西北风,则对花器发育不利,影响开花和结果。例如,作为杨梅主产区的浙江省,在3月底到4月上旬,常常出现从西北黄土高原吹来的带有黄色粉末的风(浙江农民称之为"落黄沙天气"),而且必定伴随着低温,常使气温降到0～2℃,由于低温引起冻害,因此影响开花受精和坐果。另外,微风有利于气体交换,因而有利于杨梅的光合作用,有利于植株的健壮生长。

杨梅根系较浅,且树冠高大,枝叶繁茂,但枝条松脆,遇大风、台风会吹折枝干,甚至整株树连根拔起。另外,果实成熟期遭风害会加剧落果,故建园时宜选避风地点栽植,或者设置防风林加以预防。

10. 杨梅栽培对土壤有什么要求

杨梅树喜欢松软、排水良好的沙质红壤或黄壤,并喜酸性土,酸碱度以pH值4～6为宜,最适宜pH值为5.5～6.0。在杨梅园选址时,可根据酸性指示植物来确定。凡有狼蕨、杜鹃、马尾松、杉、毛竹、麻栎、苦槠等酸性植物生长的山坡地,均适于杨梅栽培和生长。

杨梅根系与放线菌共生而形成根瘤,能吸收土壤和空气中的氮素为其利用。放线菌是好气性真菌,故栽培杨梅需要有疏松的土壤,土壤的透气性十分重要。实践证明,生长在土壤疏松、排水良好的山坡地反而比生长在平坦沃地的杨梅树结果更为良好,因为位于平坦沃地的杨梅园,土壤透气性不及坡地,有时会引起树体徒长,容易引起落花落果。

位于丘陵山地的杨梅园,其土壤一般可分为三种类型。一是山麓缓坡地土壤。这类土壤土层比较深厚,混有石砾,透气性良好。生长在这里的杨梅树,树势强壮而丰产,但结果大小不均匀,或因结果多而果实小。且因地势低,土壤含水量高,有的杨梅味淡肉薄。二是山间谷地土壤。位于山谷或山坳的土壤由从山坡冲积下来的石砾和有机物沉积而成,土层厚度和有机质含量差异性较大,筑成梯田的杨梅园,杨梅果大质优。山谷中温度日较差大,有山谷风发生,有时对杨梅树生长有不利影响。三是陡峭山坡地土壤。这类土壤一般土层浅薄,含有小石块及粗石砾,通气性好,但有机质含量少。如果栽培管理周到,则果大味美,但产量低。陡坡地因管理不便,粗放栽培多,导致树势不强,因此不是栽培杨梅的适地。

杨梅的产量和品质,与杨梅园的土质有密切关系。据有关试验,不同土质条件下的荸荠种杨梅的平均亩[①]产是:沙土为1 269 kg,沙黏土为1 307 kg,黏沙土为939 kg,黏土为620 kg。沙土、沙黏土、黏沙土上的杨梅产量均比黏土高,黏土和黏沙土的单产较低。我国南方的山地红壤土,大多属于沙土、沙黏土和黏沙土,适合杨梅栽培。

11. 海拔高度对杨梅生育期和产量有什么影响

杨梅树大多栽培在丘陵山区。在山区,随着海拔高度的上升,大气变薄、变稀,空气中的水汽和灰尘杂质减少,因而气候要素发生有规律的变化。一般来说,气温随着高度的升高而降低,这种变化夏季大于冬季。气象学上,把海拔每上升100 m温度降低的摄氏度数(℃)称为温度垂直递减率(℃/100 m)。在我国亚热带丘陵山区,其年平均气温垂直递减率

---

① 1亩=1/15 hm²,下同。

是 0.49 ℃/100 m。一年内，每月的气温垂直递减率略有差异，如 1 月是 0.43 ℃/100 m，7 月为 0.54 ℃/100 m。空气相对湿度随着海拔高度的变化，由于受云雾和降水分布的影响情况比较复杂，但在某个高度以下，空气相对湿度随着海拔高度的升高而增大，降水量也随着海拔高度的升高而增加。这个高度各地不同，但多数高于杨梅的栽培高度。一般情况下，风速也随着海拔高度的升高而增大。

由于杨梅园所在的海拔高度不同而气候条件也不同，因而影响杨梅的生长发育，其中最明显的是影响杨梅的物候期。根据 2006 年在浙江省台州市黄岩区 200 m、460 m 和 680 m 三个试验区的结果，杨梅开花普期，200 m 处是 3 月 25 日，460 m 处是 4 月 2 日，680 m 处是 4 月 3 日；果实的着色普期分别是 6 月 10 日、6 月 25 日和 6 月 29 日；果实成熟采收期分别为 6 月 15—29 日、6 月 27 日—7 月 11 日和 7 月 2—11 日。由此看来，随着海拔高度的升高，温度降低，积温减少，杨梅的开花期和采摘期相应延迟。

海拔高度也影响杨梅产量。同样在上述三个试验区的产量结果表明，200 m、460 m 和 680 m 三个试验区的平均单株采摘产量分别是 35、33 和 25 kg，杨梅园的实际亩产分别为 700、600 和 500 kg，当地统计的杨梅平均亩产分别是 500、410 和 284 kg。不论是试验地的产量，还是试验区统计的实际平均产量，均随着海拔高度升高而降低。分析其原因，除因平均气温、活动积温随海拔高度的升高而降低外，还与最低气温有关。该年高海拔地区的杨梅园，在 3 月 13 日遇到了 −1.6 ℃ 的低温，这时正处于杨梅花蕾膨大期，低温影响花蕾生育，造成杨梅产量降低。

由上可见，杨梅园要选择在合适的高度或层域，这个高度或层域各杨梅产区不同。在浙、闽、皖等地宜选择在海拔高度500 m左右或以下地区,海拔高度过高地区栽培杨梅,不但物候期推迟,易受冻害,而且产量低,品质差。

 12. 海拔高度对杨梅品质有什么影响

杨梅的品质由果实形态、大小、色泽等外观特征,以及果实质地、风味、可食率、营养成分、糖酸比、维生素含量和储运性等因素决定,其中果实大小、色泽和糖酸比是最重要的因素。

随着海拔高度的升高,杨梅的果实大小有着明显的变化。同样在上述三个试验区测量的杨梅平均单果重和果径(试验品种均为东魁)分别为,200 m单果重为23.9 g,横径为3.3 cm,纵径为3.4 cm;460 m单果重为22.3 g,横径为3.4 cm,纵径为3.4 cm;680 m单果重为17.6 g,横径为3.1 cm,纵径为3.1 cm。随着海拔高度的升高,糖、酸含量逐渐下降,200 m糖酸比为6.84,460 m为5.92,680 m为7.36。680 m处的糖酸比最高,主要是由于高山地区的杨梅成熟期延迟,果实的含糖量和含酸量均下降了,但糖分的下降速度慢于酸性物的下降速度。维生素C(Vc)的含量也是随着海拔高度的升高而下降,200 m为265.1 mg/kg,460 m为259.9 mg/kg,680 m为173.3 mg/kg。

色泽、硬度、风味也是考察杨梅品质的重要指标。随着海拔高度的升高,杨梅果实的色泽、硬度和风味均呈现下降趋势。以东魁种杨梅为例,色泽用数字1,2和3来表示,3表示着色均匀,颜色鲜艳,呈紫黑色或深红色;2表示着色较好,颜色呈深红色;1表示着色较差,颜色不一。硬度用手持硬度计测定10个果实的硬度,求平均值。测定时硬度计垂直果面压下,当接近果核时停止用力并读数,单位为千克(kg)。硬度计采用杭州托普仪器有限公司生产的GY-3型硬度计。从杨梅果实的色泽来看,200 m杨梅果实的色泽为3;460 m杨梅果实的色泽为2;680 m杨梅果实的色泽为1。从风味来看,200 m杨梅果实的风味正常;460 m杨梅果实的风味虽然正常,但肉质松散,水分较少;680 m杨梅果实的风味则较淡,果肉松散,果实含水量少。

由上可知,海拔高度与杨梅品质有密切关系。在我国主要杨梅产区,如皖、浙、闽一带,低海拔(一般指200m以下)的杨梅园,气温高,积温多,果形较大,成熟早,品质相对较差。高海拔(一般指500 m以上)地区所产杨梅,肉柱先端圆钝,肉质柔软,成熟迟,果形小,单果轻,可食率也低。中海拔(一般为250～450 m)地区所产杨梅,温度适中,温、湿度配置适当,果形大小、采收期介于低海拔和高海拔之间,品质最好。因此,从品质考虑,杨梅园既不宜选在空旷的平地,也不宜选在过高的山上,以海拔200～500 m高度比较合适,但各个地区还应根据具体情况而决定。

13. 杨梅园选址时如何考虑地形(坡度和坡向)的影响

我国主要的杨梅产区位于23.5°N(北回归线)以北地区,因此,南坡是阳坡,北坡是阴坡。其太阳辐射强度和日照时间长短,南坡大于北坡,东、西坡介于南、北坡之间。气温和土温都是南坡最高,北坡最低,东、西坡介于南、北坡之间。坡向对温度的影响以晴朗天气最显著,阴雨天差异不大。坡向对最低温度的影响不明显,一般南坡比北坡高 0.7 ℃左右。温度的日变幅随坡向由北向南增大。坡地上的空气湿度和土壤湿度,一般随着坡向由南向北增大,北坡较湿润,南坡较干燥。在江、浙杨梅产区(28°~31°N)条件下,北坡的杨梅树树体生长良好,果实柔软多汁,风味佳;而阳光充足的南坡,肉柱尖而硬,汁少而味较差。所以,果农常选北或东北缓坡地栽培杨梅。

据有关单位试验,在海拔高度相近而坡向不同的南、北坡的杨梅园,其杨梅品质有明显差异。例如,杭州市余杭区崇贤镇的小炭梅、余姚市梅溪村的荸荠种杨梅、萧山区杜家村的早色种杨梅,北坡的平均单果重比南坡分别重了 1.35,1.73 和 2.45 g;可食率北坡分别为南坡的 101%,102% 和 103%;可溶性固形物北坡较南坡分别提高了 1%,10% 和 19%。其中,早色种杨梅的品质,南、北坡差异更加明显,北坡优于南坡。

西坡或西南坡地上,在夏秋干旱期,太阳辐射强,温度高,蒸发强,土壤湿度小,树干易受日灼,干旱较重,也不很适宜栽种杨梅。但在深山谷地或在有连续丘陵分布的山区,因周围有高山或森林遮蔽,太阳光减弱,土壤含水量增多,坡向影响不大,各种坡向均可种植。

坡度对小气候也有影响,但与坡向比较,影响相对较小,因此,与杨梅树生长关系不大。但是,为了管理方便,防止水土流失,减少成本,最好选择坡度小于 30°,并以 5°~25°坡地栽培较好。

14. 设施栽培对杨梅生长发育和产量、品质有什么影响

由于杨梅不耐储藏,再者品种之间成熟期相近,采摘期很

短,造成上市集中,通过设施栽培可以使杨梅提早成熟,提早上市,延长杨梅的供应期。

杨梅搭棚后,由于塑料薄膜的保温性,因而能使棚内气温升高,具有明显的增温效应。根据2002年浙江省仙居县设施杨梅有关试验,塑料大棚内和棚外气温比较,1—2月份,棚内气温平均升高2.0~2.5℃,最高气温升高2.0~4.4℃,最低气温升高1.0~1.5℃;3月份,平均气温升高1.5℃,最高气温升高1.0~2.0℃,最低气温升高1.0℃;4月份,平均气温升高1.0℃左右,最高气温升高0.5~0.8℃,最低气温升高1.0℃;5月份,平均气温升高0.5℃,最高气温升高0.4℃,最低气温升高1.0℃。由此可见,随着外界气温的升高,大棚的增温幅度逐渐减小。这是因为1—2月份大棚薄膜覆盖基本上是全天的,仅在晴天的中午时揭膜通风,故冬季增温效果明显;进入春季后,随着外界气温的升高,揭膜次数逐渐增多,揭膜时间逐渐延长;直至5月份已去除顶膜,故温度也与棚外接近。

由于塑料薄膜的增温效应,导致大棚内气温高、积温多,杨梅树春梢萌动期提前,花期提早,成熟期提前。杨梅初花期,大棚内为2月9日,大棚外为3月7日,大棚杨梅初花期提早了26天。大棚杨梅雄花盛花期为2月15日,雌花盛花期为2月19日,与大棚外相比,各提早了23天;大棚杨梅的成熟期为5月22日,提早了12天。

大棚对杨梅产量影响不大,但品质略有下降。单果重,大棚杨梅为9.65 g,大棚外杨梅为9.48 g;果实可溶性固形物含量大棚杨梅为12.15%,大棚外杨梅为13.47%。

设施杨梅一般可提早15天左右成熟。通过设施栽培,可以在冬季寒冷天气避免树体受到冻害,在花期避免因雨水冲刷而造成授粉不良等问题,利于杨梅果实的生长发育,从而可以提高杨梅的产量。但是由于塑料薄膜的覆盖,一定程度上光线不足,杨梅果实含糖量会有所下降,这在设施栽培中是一个普遍存在的问题。另外需注意的是,在管理中,棚内温度不能太高,尤其是当棚内温度达到35 ℃以上后,一定要揭膜通风降温。因为如果大棚内气温达到38 ℃持续20分钟左右,就会造成杨梅幼果大量落果,产量明显下降。

三、杨梅主要气象灾害及防御措施

15. 越冬期低温冻害对杨梅有何影响, 如何防御

杨梅树是一种耐寒性较强的树种。一般情况下,在年极端最低气温高于-9 ℃的地区,杨梅树都能安全越冬。但是,当冬季极端最低气温低于-9 ℃,且日最高气温≤0 ℃连续出现3天或以上时,杨梅树的枝叶及新梢就会受到冻害,从而导致减产。

根据1971—2008年共计38年的气象资料统计,我国杨梅主产区的浙江省杨梅产区的年极端最低气温,大部分地区在-9 ℃以上,没有或很少有冻害发生;但是,余姚、慈溪、宁海、仙居、缙云、上虞等地累年极端最低气温均小于-9 ℃,杨梅冻害出现的频率在3.3%~16.7%之间。

杨梅冻害防御措施:

第一,树体保护。在冬季来临前,对枝干采用石灰水涂白或者稻草包裹及培土覆盖根部等方法来防止杨梅树体遭受冻

害,尤其要注意对幼年杨梅树的保护,因为幼年树相比成年树来说更易遭受冻害。有条件的果农,可以在果树树盘周围1m的直径范围内铺覆地膜以提高土表温度,来抵御低温的侵袭。

第二,灌水保温。密切关注天气变化,在强冷空气来临前对树盘灌水保湿,对树冠喷水增湿或喷施抑蒸保温剂减少水分蒸发。

第三,熏烟增温。根据天气预报,有霜冻的傍晚,在果园四周用木屑、柴火、杂草等进行熏烟增温,每亩约3~5堆。

第四,除雪减损。如遇大雪,要及时摇落或是用竹竿清除树上积雪,防止积雪压裂、压断枝条,减轻雪灾损失。

杨梅冻害补救措施:在杨梅植株遭受冻害之后,可以根据受冻害程度,采取有效的补救措施。

第一,整枝修剪。若植株遭受轻微冻害,则要及时摘除卷曲冻死叶片和枯梢;若严重受冻,则在新枝芽萌动的4月份,及时剪除枯死枝条,而对大枝的修剪可适当推迟到5月份,在确定大枝枯死后再剪除。

第二,喷施叶面肥。为了促使植株尽快恢复生长,对受冻果树可以选择在晴朗的中午前后喷施叶面肥,喷施时根据受冻程度适量多次,受冻较重的植株可以采取薄肥多次分施。

第三,防治病虫害。冻后树体较易发生病虫害,要及时清园,清除枯枝、冻伤枝,积极防治病虫害,以利植株健壮生长。

16. 开花期低温低湿对杨梅有何影响,如何防御

我国杨梅花期多在3月—4月中旬。早春季节,冷空气

活动频繁,常常出现低温天气过程。杨梅开花时,如遇冷空气南下,使温度降至0～2℃时,就会造成花芽萌动缓慢;降至0℃以下时,花器受冻害,开花期推迟。即使已经开花也会影响受精质量,造成结实率明显下降,或者产生大量落花。如,2005年3月12日,浙江省自北而南出现了中到大雪,部分暴雪,全省各地均有积雪,一半以上气象台站积雪深度超过5 cm。大雪后全省各地气温明显下降,12—14日早晨,全省大部地区极端最低气温在0℃左右,出现冰冻,部分山区和半山区极端最低气温在-4～-2℃,出现严重冰冻。低温导致杨梅花芽受冻枯黄、树叶凋落、树皮开裂,尤其是处于海拔500 m及以上的山区,杨梅花芽和树体受冻明显,当年杨梅产量明显下降,部分地区绝收。

在杨梅开花期有的年份还会遇到低湿天气。我国杨梅主产区虽然年降水量较多,湿度较大,但当冷空气过境后,遇上晴好天气,空气相对湿度会非常小。例如1971年4月9—13日,浙江省慈溪、萧山、兰溪连续5天的日平均空气相对湿度均小于70%,且气温日较差很大,白天的空气相对湿度远低于日平均值,日最小相对湿度低于30%。此时正值杨梅盛花期,干燥的天气使杨梅雌花柱头分泌的黏液很快干燥,从而使柱头枯焦,结果率下降,当年产量明显降低。浙江省杨梅主产地4月份的最小相对湿度基本上都在20%～30%之间,杨梅开花期遭遇低湿害的几率较高。

杨梅花期低温低湿的防御措施:

第一,树冠或地面覆盖。幼树可用稻草或乙烯膜遮盖树冠,成年树可在树冠下的地面上盖杂草或地膜。

第二,果园灌水。在果树萌芽前浇2～3次水,花期可推迟2～3天;在发芽后至开花前再灌水1次,一般花期可推迟

3~5天。若在低温霜冻前采取喷2分钟、停2分钟的间歇喷水法向果树喷水,可使花期推迟7天以上。

第三,枝干刷白、包草。刷白用0.5 kg生石灰加水3~4 kg,再加少量食盐,涂刷主干和大枝。也可用草、纸、地膜等包裹。

第四,熏烟造雾。在预报有霜冻的晚上,在果园中燃烧堆积的枝叶杂草,使全园烟雾弥漫,可减轻冻害。果园熏烟防冻时一定要有专人看护,注意山林防火。

17. 梅汛期暴雨对杨梅产量有何影响,如何防御

梅汛期通常是我国杨梅主产区一年中暴雨或大暴雨最集中的时段,易产生洪涝灾害,尤其是丘陵山区,由于迎风坡的地形抬升作用,短时间强降水更集中,极易引起局地洪涝或内涝,以及滑坡、山洪、泥石流等地质灾害。频繁的暴雨、大暴雨,不仅造成果树基肥流失,根系暴露,影响杨梅树正常生长;而且极易引起杨梅大量落果,成熟果实也不能及时采收,因为雨天采摘的杨梅,果实含水量明显偏高,不耐储藏,易腐烂变质。

杨梅梅汛期暴雨预防措施:

第一,密切关注天气变化,在暴雨来临之前,抓住有利时机,及时采收已成熟杨梅果实。

第二,加强园区管理。在梅雨期来临前,应积极完善排水系统,开好排水沟,一方面可以排除低洼园区的积水,另一方面又可以防止短时间的强降水对杨梅树体根部的冲刷,减少土肥流失。暴雨过后,待果实表面水珠风干后,及时分批采收

已成熟果实。

第三,避雨栽培。避雨栽培是近年来兴起的一种栽培方式,主要是在杨梅成熟前给杨梅园区搭建钢架大棚,或者给一株株的杨梅树打伞。通过打伞或搭建大棚,避免过多的雨水造成杨梅异常落果,还能防止挂果腐烂,提高商品果率。

18. 果实成熟期的高温热害对杨梅有何影响,如何防御

杨梅果实的成熟期大多在5—6月份,尤其是杨梅主产省份的浙江省杨梅成熟期基本都集中在6月中下旬。这一时段内,一般年景,杨梅主产区的雨量充沛,空气湿度大,温度适宜,气象条件有利于杨梅果实的膨大、转色、成熟和品质的提高。但有些年份,在杨梅果实生长的后期常常出现日最高气温大于35 ℃的晴热高温天气,正处于发育中的杨梅果实极易产生高温逼熟,果实表面因高温出现干硬化,当出现持续的晴热天气时果实朝阳的那一面常会出现灼伤,甚至也会出现异常落果,使当年杨梅产量和品质下降。

杨梅果实成熟期高温热害防御措施:

第一,遮阳网覆盖。晴热天气来临前,在杨梅果树上部覆盖一层遮阳网,可以防止太阳强光直接照射果实表面而引起灼伤。遮阳网覆盖,还可减少地表水分的蒸发,又可使土表温度比露地栽培降低3~5 ℃,从而保证树体对水分的需求。

第二,灌水保墒。可以采取果园灌溉及果园保墒措施,增加果树水分供应,满足果树生长发育所需的水分。

第三,在果面喷洒波尔多液或石灰水,也可以减少日灼病的发生。这种方法在杨梅有机栽培园区禁用。

19. 7—8月的干旱对杨梅有什么影响,如何防御

何为干旱? 旱——久不下雨也。干旱是指在当前的农业生产水平条件下,较长时段内因降水量比常年平均值特别偏少,影响农作物正常生长发育而造成损害的一种农业气象灾害。尤其是在生长发育需水关键期,干旱往往给农作物带来严重危害。

在农业气象上,研究作物受旱机制时,通常将干旱分为大气干旱和土壤干旱。大气干旱的特点是空气干燥、温度高和太阳辐射强,有时伴有干风。在这种环境下树体的蒸腾大大加强,使得植物体内水分失去平衡而受害。土壤干旱主要是土壤含水量少,水势低,作物根系不能吸收足够的水分以补偿蒸腾的消耗,致使植物体内水分状况不良而受害。另外,还有一种是生理干旱。生理干旱是指由于土壤环境条件不良,使作物根系生命活动减弱,影响根系吸水,造成植株体内缺水而受害。

干旱一年四季都有可能发生,但对杨梅产量影响最大的则是7—8月的干旱。这是因为杨梅花芽分化从7月开始到9月上旬结束,这一时期正是大气干旱期。特别是一些干旱年份,由于降水量少、温度高、太阳辐射强,土壤中缺乏水分。又由于杨梅根系较浅,主根不明显,无法从土壤深层吸收水分,树体水分欠缺,从而影响杨梅正常的花芽分化,导致次年杨梅产量降低。

杨梅7—8月的干旱防御措施:

第一,在夏季来临前做好抗旱准备。防旱工作要早抓,一

般在雨季结束后及时中耕松土;松土后,可用杂草、稻草等对果园进行树盘覆盖,以利于抗旱保墒、降低土温和防止水土流失。

第二,灌水保墒。园区出现干旱后,可以采用灌溉或者喷灌、滴灌等方式直接给果园补充水分,确保树体正常生长。

第三,采取多种农田耕作措施,保持土壤水分,增加土壤蓄水能力。可考虑采用深耕保水、中耕保水、变浅耕为深耕、变浅种为深种、变浅锄为深锄及深松耕作等抗旱耕作方式,切断土壤毛细管,抑制土壤水分蒸发,以达到保墒作用。

第四,加强农田水利基础设施建设,减少水量损失,最大限度地提高水资源的利用率,以提高抗御干旱的能力。

20. 大风(台风)对杨梅有哪些影响,如何防御

瞬时风速达到或超过 17.0 m/s(或目测估计风力达到或超过 8 级)的风称之为大风。对我国危害最大的大风,按形成原因可分为寒潮大风、雷暴大风、台风和龙卷风四类。

大风害中对杨梅影响较大的是寒潮大风害和台风害两种。寒潮大风害主要出现在早春时节。早春 3 月中旬—4 月初,正是杨梅的开花期。这时,通常会从西北黄土高原吹来带有黄色细尘的风(果农称为"落黄沙"天气),并伴着低温、低湿,常使温度降到 0～2 ℃,相对湿度小于 30%,从而引起花器冻害,影响开花和着果。黄沙就是源于西北黄土高原的土壤粉末,一般无毒,花柱上黏上这些粉末对开花受精虽有一定影响,但不严重,真正引起花器受害、影响授粉的是低温,因此可把寒潮大风害叫寒风害。

另一种大风害——台风害,多出现在夏秋季节。因为杨梅树根系较浅,树冠较高大,枝条较松脆,遇8级以上的大风,就有可能将大树吹倒,使枝条折断、果实掉落,致使当年或次年杨梅产量降低。例如,2004年8月12日,第14号台风"云娜"在浙江省温岭市石塘镇登陆。此次台风恰逢风、暴、潮三聚头,风力、降雨强度、影响范围均为1956年以来登陆我国大陆台风之最。受其影响,浙江沿海海面出现了长时间12级以上的大风,东部沿海地区出现9~12级大风,内陆大部地区出现8~10级大风。狂风暴雨,致使温岭、黄岩杨梅产区迎风坡的杨梅枝条折断,少部分的杨梅树被连根拔起,次年杨梅产量损失严重。

杨梅大风害的防御措施:

第一,抢时采摘已成熟的果实。密切关注当地气象台站的天气预报,在大风来临前,及时抢收已成熟的果实,以防大量落果造成严重损失。

第二,完善果园排水系统。及时清理园地内、外沟渠,以利雨后及时排涝,尤其要做好易积水和淹水果园的开沟排水,做到沟渠相通,以防强降雨淹没园地。

第三,树体加固。通过立支柱、绑扎、培土等措施,加固杨梅树体,特别是对处于山地风口的大树进行加固,增强其抗风能力,减少树体刮倒、枝条折断、主干断裂及异常落果等。对设施栽培的杨梅果园的生产设施进行检修加固,在台风来临前揭去塑料大棚薄膜。

第四,准备好救灾工具和物资。生产过程中要特别注意人员安全,提前做好防护。

21. 大雪（积雪）对杨梅有何影响，如何防御

降雪天气现象可分为雨夹雪、雪子、雪三类，根据雪量分为小雪、中雪、大雪、暴雪，其中对杨梅生产影响较大的是大雪和暴雪。大雪是指12小时内降雪量3.0～6.0 mm或24小时内降雪量5.0～10.0 mm或积雪深度达5 cm的降雪过程。暴雪是指12小时内降雪量大于6.0 mm或24小时内降雪量大于10.0 mm或积雪深度达8 cm的降雪过程。

杨梅树体枝繁叶茂，树冠较大，树冠和枝叶上容易积雪，又因杨梅树枝条松脆，因此大雪或暴雪造成的积雪常使树枝折断，严重者可造成主枝劈裂，甚至压倒主干。

杨梅大雪的防御措施：

第一，摇雪减损。遇降大雪，尤其是树冠上出现一层厚厚的积雪时，要及时摇落或用竹竿敲打树上积雪，防止积雪压裂、压断枝条。对于采用大棚栽培的杨梅，要及时清除塑料薄膜上的积雪，防止压垮大棚，造成意外损失。

第二，树体保护。大雪时常常伴随低温冰冻天气，为了防止树体遭受冻害，可采用石灰水涂白枝干、稻草包裹树干、培土覆盖根颈和遮阳网覆盖树冠等方法来防止树体受冻，尤其要注意对幼年树的保护；有条件的果农可在杨梅树根周围1 m的直径范围内铺覆地膜或者铺一层厚厚的杂草以提高土表温度。

第三，整枝修剪。因大雪受冻害的杨梅果树，要及时摘除卷曲冻死的叶片和枯梢，对受损的枝干进行支撑加固，受伤处涂保护剂；对受伤或压断的枝条，及时修剪；对受害严重的要

以优良品种高接换头,无法更新的衰老树则挖根补栽新株。

第四,做好病虫害防治。树体受冻后抵抗力弱,较易发生病虫害,所以要及时清除枯枝和冻伤枝,积极防治病虫害,以保持树体健壮。

22. 冰雹对杨梅有何影响,如何防御

冰雹俗称雹子,夏季或春夏之交最为常见。根据一次降雹过程中多数冰雹的直径、降雹累计时间和积雹厚度,将冰雹分为轻雹、中雹和重雹三级:①轻雹,多数冰雹直径不超过 0.5 cm,累计降雹时间不超过 10 分钟,地面积雹厚度不超过 2 cm;②中雹,多数冰雹直径 0.5~2.0 cm,累计降雹时间 10~30 分钟,地面积雹厚度 2~5 cm;③重雹,多数冰雹直径在 2.0 cm 以上,累计降雹时间在 30 分钟以上,地面积雹厚度在 5 cm 以上。

冰雹的出现虽然具有局地性,但影响比较严重,一旦杨梅树体遭冰雹袭击,轻则叶片被打破,刚萌发的芽、已展叶的嫩梢和花蕾被打落;重则整张叶片被打落,主枝、侧枝、结果母枝的皮层被打破,天晴后,伤口周围的皮层失水收缩,伤口扩大,露出木质部位,从而刺激隐芽和副芽的萌发,既消耗了树体内储藏的营养,又导致了严重的落花落果现象。

冰雹的发生具有突发性,在生产上果农很难在灾前采取措施预防冰雹对杨梅造成的危害,大多只能在灾后采取以下几方面的措施,以尽量减轻冰雹对杨梅造成的损失,并尽快恢复树势:

第一,喷药保护伤口,防止病菌感染。对遭受冰雹袭击的杨梅园,不论受灾轻重,灾后应立即喷施一次杀菌剂,以防止

伤口遭受病菌感染。同时,还要特别注意做好灾后病虫害的防治工作。

第二,及时修剪,促发强壮新梢。杨梅受灾后,特别是受灾重的植株,枝条上的伤口多,落叶也多,如不及时剪除受伤严重的枝条,其再萌发新芽的速度慢,成枝力也弱,也难以培养健壮的树冠。因此,灾后要及时剪去树皮被冰雹严重打破的枝条,促使其萌发强壮的新枝。

第三,叶面喷肥,提高树体营养水平。杨梅树体受灾后,部分叶片被打落,储藏在这些叶片中的营养物质也随之丢失,这时应在农业技术人员的指导下,及时喷施适量的叶面肥,以恢复和增进尚存叶片的营养功能。

四、杨梅优质高产栽培技术

 ## 23. 如何提高杨梅春栽小苗的成活率

杨梅是一种耐阴、喜湿的常绿果树,要提高杨梅春栽小苗的成活率,必须掌握以下技术要点:

第一,园区的选择。杨梅栽培最适宜的园地是在海拔500 m以下,长有蕨类、马尾松和杜鹃等植物,不积水,较阴湿的山坡地。

第二,挖穴准备。种植前先挖好定植穴,挖穴宜在冬季进行,有利于减少土壤病虫害,大小1～1.2 m见方,深0.7～0.8 m;表土和心土宜分开,以便填土时分层利用。施足基肥,每穴施杨梅专用肥8 kg或厩肥25 kg(或菜饼3 kg)和焦泥灰10～15 kg,再加过磷酸钙0.5 kg,于种植前先施入,再在肥料上盖15~20 cm²表土。

第三,适时定植。定植时间南方宜在1—2月份,北方宜在冰冻期过后杨梅萌芽前,且以选择阴天或小雨天定植为好。定植前,剪去苗木全部或2/3叶片,除去多余枝条,只留一个粗壮直立枝作主干,并去掉嫁接部位的尼龙薄膜,剪除粗壮的部分主根,留侧根和须根,如果有掘伤的根系,用整枝剪剪平伤口。定植时,放下苗木后,先填入表土,再填心土,并把四周踏实,堆高至离地面15~20 cm处,然后浇足定根水,再盖一层松土,埋住砧木上的嫁接口。同时,应注意做好定干工作,以接口以上中心干高度约20 cm为宜。

第四,定植后管理。定植后,在小苗的四周地面盖一层稻草之类的覆盖物以减少穴内土壤的水分蒸发,保持土壤的湿润,有利于小苗的成活和生长。需要注意的是,盖草须离开小苗一定距离以防引诱天牛等蛀干害虫为害。也可以在小苗四周30 cm半径范围内的地面上放上5~10 cm大小的小石块,既保湿又可防生草。定植当年7—8月份高温干旱时,应及时浇灌水,防止旱死。小苗周围若长有根系较深且较大的杂草只能用刀小心铲除,不可以用手拔,以防松动杨梅根系影响其成活。定植后半年内,只能浇清水,绝对不可浇肥水,即使稀薄的肥水也不行,否则将会发不好新根甚至引起烂根,从而影响杨梅小苗的成活及生长。

24. 如何提早幼龄杨梅树的结果期

要使杨梅结果期提早,应在定植时施足基肥的基础上,坚持每年至少施肥2次。定植后3~4年内逐年扩穴,并加强夏季修剪,促使杨梅在1~3年形成树冠,4~5年即可少量挂果。一年2次施肥,第1次在1月份,结合扩穴施基肥,促进根系生长,一般每树施菜饼2～3 kg或厩肥20～30 kg;第2次在8月份,促进营养生长和花芽分化,抵抗高温干旱危害,每树施5～6 kg草木灰和0.5 kg尿素,对长势过旺的树,不宜用氮肥,而用钾肥代替,以防引起落花落果。幼龄树应在疏散分层形的基础上,5—8月进行夏季修剪,拉大主枝与辅养枝的角度,在树冠内部荫蔽部位剪去1/3的强枝。第4年,在粗度为4cm以上的直立主干上进行倒贴皮处理,抑制春梢生长,促进开花、坐果。第4年若已形成一定的树冠,并且树势旺盛,可在7—8月喷施多效唑(有效成分15%),喷施量为每升水1～1.33 g,促进提早结果。

25. 杨梅大树移栽需要注意哪些问题

大树移栽准备 被移栽树在挖掘前应先剪去树冠上部当年抽发的新梢、短截过长的枝条,一般将树冠直径控制在2～3 m内,以便于运输和减少水分与养分的消耗。挖掘时需环状开沟,并带钵状的土球,土球直径为距地30 cm处树干粗的6～8倍,挖出后要及时修剪根系,剪齐掘伤根的伤口,将小根盘拢,四周最好用稻草绳扎缚固定。掘出后应尽早运到移植地,切忌长时间在阳光下曝晒,以免影响成活率。

大树适时移栽 杨梅大树移栽最好在春季萌芽前2—3月份进行,最迟4月上旬。移栽尽量选择阴天或毛毛雨天气,不宜在刮西北风天气下进行。移栽前,先在移植地挖好直径1～2 m、深1 m的定植穴,内填少量的小石砾及红壤或黄壤土,厚度达0.5 m以上。杨梅大树不宜深植,栽植时先放一层松土,将树放入穴内,根系要理直,然后一边填土,一边用木棒把大根周围捣实,其间可将树轻摇几下,使根与土充分接触。填土高度略低于土球,稍加踏实,浇足定根水。然后在其上覆盖比较干燥的松土,高度应略高于穴口平面。再在其上覆盖绿肥或干草,最上层覆尼龙薄膜,以防止干燥。最后对树冠进行修剪与整形,剪去伤残枝、重叠枝及过多的叶片,一般只留1/3叶片,以减少水分蒸发。

大树移栽后的管理 首先,定植后的几天内,要坚持每天对树冠和叶片早、晚各喷水1次,上午7—8时,下午5—6时,高温干旱时,每1~2天浇水1次,直到发芽。其次,为防止日灼,对主干、主枝及大枝要涂白(涂料配制方法是:生石灰0.5 kg,水3~4 L,食盐1汤匙),也可割柴草挂在枝梢遮阴,保护枝干。

26. 杨梅施肥时需要注意哪些营养元素

施肥是杨梅生长发育过程中补充所需营养的一项重要措施。传统栽培中,杨梅很少施肥,因此幼年期生长缓慢,进入结果期迟;结果树由于不能及时补充消耗的营养,果实小,产量低,大小年明显。近年来,由于杨梅价格高,效益好,果农在肥培管理方面积极性很高,往往走向施肥过多的极端,造成树势过于强旺,枝梢徒长,开花少,有的即使开花,坐果率也很低,甚至造成肥害引起植株死亡,不仅增加了成本,并且对杨梅生产带来严重影响。因此,要想使杨梅早产丰产、优质高效,就必须根据杨梅的需肥特点和根系的生长特性,多种营养元素合理搭配,适量施肥,使树体营养供需平衡,保持中庸的树势。

(1)氮肥。由于杨梅树有放线菌,能起固氮作用,因此一般不专门施用氮肥。如果施氮过多,会造成枝梢徒长,影响结果,使果实偏酸,不耐储运,容易产生病虫为害。但是杨梅大年结果时,若氮肥不足,则表现为叶片发黄变小,枝梢生长不良,树势衰弱,春梢、夏梢生长不良且新生枝偏少,造成次年结果枝减少,导致大小年更明显,所以也应视树体长势适量施用氮肥。

(2)磷肥。磷对杨梅生长结果的作用是多方面的。磷能促进杨梅新根的形成和生长,提高根系吸收能力,增强杨梅的抗旱和抗寒能力;磷可促进花芽分化,增加花量;磷可促进果实发育,提高着果率。缺磷时,新梢和根系生长减弱,叶片变小且缺乏光泽,严重时引起早期落叶,花芽分化不良,果实色泽不鲜艳,含糖量低,影响产量和品质。但若磷过多,也会造成较大危害,如结果过多,果实品质差,树体早衰,甚至死亡。

(3)钾肥。钾对果实增大有明显作用,是杨梅需求量最大的元素。一方面,钾能促进光合作用和光合产物的运输,有利于果实养分的积累;另一方面,钾能促进碳水化合物和蛋白质的合成,有利于果实膨大;另外,钾还能增强杨梅的抗旱能力。缺钾时杨梅的果实小,着色差,品质劣,产量低。

(4)硼肥。硼能促进花粉形成、花粉发芽和花粉管生长,花前补硼能提高结果率。缺硼树体生长衰弱,出现枝条顶端小叶簇生、新梢焦枯或多年生枝条枯死等症状,同时,着花着果不良,产量降低。但硼素过多也会引起毒害作用,喷施消石灰可抑制树体对硼的过量吸收。

(5)锌肥。锌与生长素合成有关,并影响光合作用与叶绿素形成,能够提高植物的抗逆性,杨梅缺锌,植株矮小,节间短,叶小,叶片丛生,叶脉间失绿发白。

(6)钙肥。钙是杨梅生长发育不可缺少的营养元素。它能调节树体内的酸碱度,促进根系生长和吸收,钙能增加果实硬度,延长果实的储藏时间。缺钙土壤理化性状变劣,影响树体生长和果实品质。

(7)钼肥。钼是菌根固氮酶的组成成分,能提高杨梅的结果率。酸性土壤容易缺钼,表现为叶脉间黄化,植株矮小,严重时致死。但钼过剩也会使植株致死。

(8)锰肥。锰能提高结果率,促进杨梅果实肉质致密,有利于储藏。杨梅缺锰时,叶绿素形成受阻,叶片从中部开始发黄,再向上、下发展,严重时提早落叶,树体生长缓慢。

27. 不同树龄的杨梅树如何合理施肥

根据杨梅的需肥特点、根系生长特性及土壤肥力、挂果状况等,按照平衡施肥法,杨梅施肥应以钾肥为主(如草木灰、硫酸钾等),配施氮肥,适当补充硼、锌、钼、镁等微量元素。需要指出的是,杨梅对磷的需要量低,尤其是成年树,若磷肥施用过多,会造成开花结果过多、果小、味酸、核大,品质下降,甚至造成树皮开裂等,但磷又是形成花芽原基的必需物质,因此根据需要适当施用还是必要的,尤其在初生旺长树不易成花的情况下,适当施用磷肥,有利于促进花芽分化,增加花量,促进结果。但在使用时要注意不能单独过量施用,应采取隔年施。杨梅不同时期对肥料的种类、用量的需求不同,施肥时应区别对待。

(1)幼年树施肥。幼年杨梅树施肥,以促为主,先促后控。1~3年生幼年树,以追施速效氮肥为主,每次抽梢前10~15天施1次,每株施稀薄人粪尿2~3 kg或尿素0.05~0.1 kg,或进口三元复合肥0.1~0.2 kg,加水施入。随着树冠的扩大,适当增加施肥量,促进春、夏、早秋梢抽发健壮,尽快扩大树冠。第 4 年开始增施钾肥,每株施草木灰或焦泥灰 2～5 kg 或硫酸钾 0.2～0.25 kg,以缓和树势,促进花芽分化,为结果打下基础。

(2) 初投产树施肥。初投产杨梅树由于枝梢生长旺盛(特别是东魁种杨梅树),容易出现少花,或者花量虽多,坐果率却低,梢、果矛盾十分突出。为调节梢、果之间的矛盾,增加花量,提高坐果率,此期施肥要控氮、增钾、适磷,补硼、锌、钼等微量元素,控制树体生长过旺,保持中庸树势。一般于采果后,株施草木灰 5～10 kg 或硫酸钾 0.5～0.75 kg,加硼砂 20～50 g,少花旺长树可施磷肥 0.5～0.75 kg,促进花芽分化,增加花量。树势强旺的树地面不施肥。

(3) 成年结果树施肥。成年结果树,随着结果量的增加,树体消耗大量养分,树势趋于中庸甚至衰弱,此期施肥目的是及时补充营养,使生长与结果处于平衡,达到稳产丰产,延长经济寿命。施肥的总原则是:钾肥为主,适施氮肥,少施磷肥。成年结果树施肥可以分以下三个时段来进行:

第一,采后肥。关键在于施得及时,要求在采果后的半个月内抓紧施下,最迟不超过一个月,其目的是恢复树势,促进夏梢抽生和花芽分化,肥料以有机肥和钾肥为主,施肥量按株产 50 kg 计,每株施焦泥灰 25～30 kg 或腐熟豆饼 2～3 kg 加焦泥灰 15 kg(或硫酸钾 0.5～1 kg),树势衰弱的可加 0.2～0.3 kg 尿素,但要注意,如采果后树势较强且已有足量的春梢、夏梢,就不宜过多地施用速效氮素肥料,或将采后肥推迟到 11 月份施,否则当年不易形成花芽。

第二,春肥。1 月下旬—2 月上旬看树施,对花量多、树势中等或偏弱的树,一般株施硫酸钾 0.5～1 kg 或草木灰 15～

20 kg,目的是满足开花、坐果和春梢生长的需要,树势强或花量少的不施。

第三,壮果肥。4月底—5月初看树施,挂果多的树,可在幼果蚕豆大小时,株施硫酸钾 0.25～1 kg,促进幼果发育膨大,树势强、挂果少的树不施。施壮果肥应特别注意时间,在生产实际中经常碰到一些果农因施肥过迟,造成果实不能成熟,影响品质,甚至有产无收。

以上三个时段施肥,在实际生产中,不是每次都要施,而是要根据树体生长情况,确定施或不施,多施或少施,一般每年施 1～2 次,在树势特别旺盛时可全年都不进行地面施肥,以缓和树势,促进结果。

28. 杨梅栽培过程中如何做好水分管理

水分是杨梅生长发育的重要物质基础,主要是靠杨梅根系从土壤中吸取水分来供生长发育需要。杨梅在果实膨大期、果实成熟期、花芽分化期对水分比较敏感,水分过多或过少都会对品质、产量及花芽分化造成较大的影响,有条件的果园可采取人工灌水、控水措施,达到旱涝保收。

(1)人工灌水。据有关试验结果表明,荸荠种杨梅在果实膨大期,如遇干旱灌水 2～4 次,单果重增加 2.16～3.36 g,特级果率达到 43.4%～72.8%,成熟期提前 2～3 天,单价是对照的 1.7～3 倍,经济效益十分明显。具体做法:在 5 月下旬—6 月上旬果实膨大期,连续晴朗 2 天以上,且仍无下雨征兆,或虽有雨但雨量较少时,应进行灌溉。灌水量,成果期树每株灌水 200～500 kg,结果大树、结果多的树可多些,反之则少些。沙性重的少量多次,灌水深度以水分浸透杨梅整个根分布层 0～40 cm 深为宜。灌溉的水质应符合 NY/T391—2000 标准中的农田灌溉水质标准规定。

(2) 避雨栽培。杨梅成熟期正值"梅雨"季节,雨水过多会使果实糖度降低,风味淡,品质降低,甚至果实挂在树上就腐烂,即"树头烂"。如 2001 年,杨梅成熟期出现连续多雨天气,浙江省临海市上游村杨梅"树头烂"相当严重,造成损失达 500 多万元。

预防措施　可采用避雨伞或棚架式薄膜覆盖,覆盖时间一般在杨梅采收前 5～7 天,过早覆盖会使成熟期推迟。覆盖材料可选用透明塑料薄膜。覆盖薄膜离树冠顶部距离不少于 0.5 m,以免灼伤果实。覆盖面视树冠大小而定,以果实避开雨淋为准。覆盖后,如遇气温较高、日照强烈的天气,要及时揭膜通风或用遮阳网遮阴,采果后立即将覆盖物除去。

(3) 套种绿肥与柴草覆盖保湿。在土壤瘠薄园地应采取树盘套种作物和柴草覆盖,提高土壤的抗旱能力。

29. 如何做好杨梅的整形修剪

(1) 树形的选择。合理的树形是杨梅早结果、优质、丰产、稳产的基础。根据杨梅生长的环境条件和生物学特性,以及杨梅果形小,疏果、采果较为费工等特点,杨梅优质丰产树形以选择低主干自然开心形或无主干多主枝丛状形为宜。这两种树形主干低,可缩短地下部的根与地上部枝叶之间养分的运输距离,有利于壮树和结果;树冠矮,可以减轻风害,提高杨梅的抗逆性,便于果园管理和采收;骨干枝数量少,并向四周及上方伸展,且从属分明,使树冠内阳光通透性好,内膛充实,立体结果,品质好,产量高,大小年现象不明显。这两种树形符合杨梅生长的自然特性,整形容易,修剪量轻,树冠能迅速扩大,进入结果期早,果实发育良好,容易早结果,并且优质、丰产、稳产。

(2)维持优质丰产的树体结构,调整生长与结果的关系,促进生殖生长与营养生长的平衡,达到持续优质、丰产、稳产的目的。根据杨梅的生长、开花结果习性,每年必须对树冠内的枝条进行合理修剪,修剪必须遵守以下原则:

第一,因树制宜。不同品种的生长势不同,其修剪方法也不同。如,东魁种杨梅生长势强,枝条稍稀疏,挂果欠紧凑,故幼树初期多短截少疏删,以促发枝梢,增加分枝级数,幼树后期及结果初期,采取少剪多放的疏删修剪法;生长势中庸的荸荠种、临海早大梅等则采用生长与结果兼顾、疏删与短截相结合的修剪法;对生长势弱的品种,采取先短截后长放修剪法,促进开花结果。树龄不同,修剪方法也不同,幼树以整形为主,修剪宜轻;初结果树仍以轻剪、疏剪为主,少短截,促进结果;盛果树修剪要适度,疏删、短截相结合,以保持树势健壮,延长经济寿命;衰老树以回缩为主,以促进更新复壮;强树轻剪,少短截;弱树重剪,多短截;大年宜重剪,小年宜轻剪。

第二,控上促下,控外促内。杨梅枝梢顶端优势较明显,枝条密集,修剪不当或任其生长往往造成上强下弱,树冠高大,外围枝梢密集,内膛空虚,结果部位外移,因此在修剪时要控上促下,控外促内,抑制顶端优势,促进树势开张,缓和树势,切忌剪下不剪上,剪内不剪外,避免树冠出现平面结果的伞形结构。

第三,去直留斜,去强留中庸。如,东魁种杨梅直立枝、强枝不易成花,坐果率低,所结果实品质差,而斜生枝、中庸枝成花容易,春梢萌发迟而短,坐果率高,所结果实品质好,因此修剪时将直立枝、强枝、徒长枝去掉,使树体保持中庸树势。

30. 杨梅修剪一般在什么时候比较适宜

杨梅修剪一般分夏季修剪和冬季修剪两个时段,以夏季修剪为主。

(1) 夏季修剪。结果树以采后的大枝修剪为主,要求在7—8月完成。一般只疏删不短截,树形骨架比较好的,宜轻剪或不剪;对树冠零乱、高大郁闭的杨梅树,以降冠为目的,每年锯除树冠顶部的直立性枝序1~2个,即"开天窗",以降低树冠高度,大树分2~3年完成,同时删除树冠外围密生枝、交叉枝、重叠枝、病虫枝、枯枝,回缩拖地枝,促进树体开心通透,内膛光秃枝留桩15 cm左右短截,也可全枝删除,以促发内膛新梢抽发,并对抽发的新梢留20 cm左右及时摘心,促进枝梢粗壮,增加分枝级数,培养成结果枝组。大枝修剪后,裸露的枝干要用布片、报纸或者稻草等包扎保护,以免枝干晒伤晒裂。对初生旺长树或少花青壮树进行拉枝、环割或环剥,以缓和树势,促进花芽分化,为翌年提供充足优质的结果母枝。

(2) 冬季修剪。冬季修剪一般在11月下旬—翌年2月上旬进行。强树宜早剪,以10月下旬—11月剪为宜,此期修剪既可避免抽发晚秋梢和受冻害,又可使翌年的春梢发梢量减少,对缓和树势、减少落花、增加产量有利;弱树宜迟剪,以1月下旬—2月下旬为宜,过迟影响开花。

冬季修剪以剪直立小枝为主,采取疏删与短截相结合。冬季修剪时花芽已显现能辨,因此要看树势看花量进行合理修剪。根据杨梅枝梢生长与结果的习性,杨梅以中短果枝的春、夏梢结果为主,秋梢因生长不充实而坐果率低,坐果率以水平生长的结果枝最高,下垂枝次之,直立枝最低,因此在修剪时,首先要剪去直立枝、强枝,保留中庸、斜生枝条。多花树疏删部分长度在 2 cm 以下密生的弱花枝,疏删或短截 30 cm 以上强花枝,这样可直接减少花量,集中养分,保证保留下来的果枝花芽发育良好,既可提高花质,又能促发一定量的春梢,保证幼果发育良好,提高品质,防止大小年。同时,又可大大减轻翌年疏果的工作量,降低生产成本;对少花树,除剪去直立枝外,还要删去过强过多的营养枝,尽量保留有花枝,减少翌年春梢抽发量,提高坐果率。

31. 如何做好杨梅的促花保果工作

杨梅坐果率较低,一般只有 2%～5%。尤其是杨梅初投产期,往往因树体生长过旺,出现少花或无花,有的即使开花多,但开花时正值春梢和根系的生长高峰期,春梢抽发和根系生长大量吸收营养,使花器开始受精后因营养不足而大量落花落果,并且春梢抽发越早、越多,则坐果率越低,有的仅为 1%～3%,甚至全部脱落。为调节梢、果之间的矛盾,促进营养生长向生殖生长转移,促进花芽形成和结果,提高产量,在栽培上对坐果率低的须采取措施进行人为控梢促花保果。目前,采用以下几种促花保果方法:

第一,多效唑促花保果。多效唑是一种生长延缓剂,杨梅上合理使用多效唑,能有效地抑制枝梢的生长,促进花芽分化,显著提高坐果率,并且果大、质优,叶厚、色浓、有光泽,但是如果使用不当,往往产生叶片扭曲畸形,降低果实品质。值得注意的是,多效唑一般只适宜于生长旺盛的初生结果树和少花或少果的青壮树。幼龄树、衰弱树及结果正常的成年树不能使用,否则会有副作用。此外,生产 AA 级有机食品、绿色食品不能使用。

多效唑喷施时间,若以促花为目的,应在 7 月上中旬夏梢长 1 cm 或 8—9 月秋梢长 1 cm 左右时,以喷湿树冠为宜;若以保果为目的,应在果实直径 0.7 cm 以上时喷,并且喷药时喷头要小,雾滴要细,从树冠顶部自上往下喷,以喷树冠外围嫩梢为主,以喷湿嫩梢但叶片不滴水为度,避免药液过多伤害幼果造成药害。多效唑喷施浓度以 15% 多效唑 200~300 倍液为宜。多效唑土施时间,一般为秋季 10—11 月或春季 2—3 月雨前或雨后施为宜。施用量,依树势、品种、树冠大小而定。一般每平方米树冠投影面积 15% 多效唑使用量为:强树势品种(如东魁)2.3 g 左右;中庸树势(如早大梅、荸荠种)1.3 g 左右;弱树势(如红梅类等)0.67 g 左右。

使用多效唑促花保果时一定要注意,施药量不能随便增大,如用量过多易造成叶片扭缩畸形,花芽分化过多,新梢不能抽发,翌年结果虽多,但果小,成熟期迟,品质下降;多效唑在土中残留期长,故土施要隔 3~4 年才能再施,而且一旦施用过多很难补救,因此生产上建议以喷施为宜;多效唑应与其他栽培措施相结合,才能发挥更大的作用。

第二,断根。旺长树于夏末秋初,在树冠滴水线附近开浅沟,切断部分细根,可以起促花作用。开花期断根,可起到控梢作用。

第三,控肥促花保果。因树势旺盛造成少花或坐果率低的,当年可不施或少施氮肥,适当施用钾肥或磷肥,促进花芽分化,提高坐果率。

第四,摘梢保果。春梢旺发是造成落花落果严重的主要原因,因此花期和结果初期抽发的春梢要及时留桩摘心,但落果期过后抽发的春梢要保留,否则控梢过重会影响幼果后期的发育膨大。

32. 杨梅为什么要疏花疏果,有哪些方法

通常情况下,杨梅的花量很多。如果杨梅树势好,开花期气候条件适宜,就会使坐果率偏高,尤其是正值结果盛期的成年树则会结果过多。由于坐果率太高,往往造成成熟果实果形偏小,品质差。所以,对坐果率太高的杨梅树要进行疏花疏果,以达到结果与营养供给的平衡,提高品质。

杨梅疏花疏果常采用以下几种方法:

第一,疏删短截结果枝。结合冬季修剪,于10月下旬—11月或翌年1月下旬—2月下旬,对花量过多的大年树,疏删细弱、密生、直立性结果枝,直接减少花量。

第二,化学疏花。目前杨梅疏花的常用药剂主要有"疏5"和"疏6"。"疏5"实际上就是石硫合剂,使用浓度为30波美度的原液加水50倍,使稀释的浓度约为0.5～0.6波美度。"疏6"使用浓度为1包(10 g)加水15 kg。化学疏花多在盛花末期进行,即75%～90%的花都已谢花时喷射,喷药时喷头要小,雾滴要细,以喷湿树冠但叶片不滴水或部分漏喷为度,不能重复喷射,避免喷药量过多,上部药液滴到下部盛开的花上,使下部的花因积集过多的药量而大量落果。

第三,人工疏果。疏果是克服杨梅结果大小年最有效和最简单的手段之一。杨梅疏果一般分2～3次进行,不能一次性疏果过多,否则会加重肉葱病(俗称"杨梅花"、"杨梅虎"、"畸形果"等)和裂果病的发生。以东魁种杨梅为例,第1次在

盛花后20天(约4月底—5月上旬),当果实花生仁大小时,疏去密生果、小果、劣果和病虫果,每条结果枝约留4~6个果;第2次在谢花后30~35天,当果实横径约1 cm时,再次疏去小果和劣果,每条结果枝留2~4个果;第3次在第2次落果后,平均每个结果枝留1~2个果,长果枝(15 cm以上)留2~3个果,中果枝(5~15 cm)留1~2个果,短果枝(5 cm以下)留1个果,细弱枝不留果。也可采用隔枝留果的疏果方法进行疏果,即在果实迅速肥大前的5月中下旬进行疏果,按6个果枝,去掉其中3个果枝上的全部果实,在另3个果枝上每枝留2~3个果实。中果形的早大梅、大炭梅每枝留2~3个果,小果形的荸荠种每枝留4~6个果。做到大年多疏、小年少疏。大年树春梢少,树冠上部应多疏,以疏促梢,小年树春梢多而旺,树冠上部多留果,以果压梢。人工疏果是目前最常用也是最生态的疏花疏果的方法。

33. 什么叫杨梅高接换种,具体方法如何

所谓高接换种就是把品质低劣、价值很低的树种,通过特殊的高位嫁接技术,换接成优质、高产、高效的树种。杨梅的高接换种不同于其他水果,它具有木质硬、组织紧密、形成层薄、含单宁多、嫁接成活率不高等特点。

(1)高接换种时期。一般在春季的3—4月进行,此时树液大量流动,嫁接较易成活。浙江台州一带以3月上旬—下旬成活率最高,往北地区适当延迟,往南地区可适当提早。高接时以晴天为好,如果下雨天或天气闷热,切口有树液盈满,则成活率低;天气晴燥,切口树液有黏性,则成活率高。

(2) 高接换种基穗的选择。品种可选择普通品种、劣质品种、野生品种及少数实生品种的杨梅树。要求基砧根系生长良好,选在枝条表面平光的部位高接。高接树最好树龄在15年生以下,若树龄过大,愈合能力弱,高接成活率低。但要注意,近年来使用过多效唑的树不能高接。

(3) 高接换种接穗的选择。良种可选择东魁、黑晶、晚稻和荸荠种等。选择品质优良、丰产、稳产母树树冠中上部生长健壮、无病虫害的二三年生枝条作接穗,粗度 0.8~1.2 cm,长度 10 cm 以上,剪下后及时除去叶片、细枝,并做好保湿。接穗随采随接成活率高,但野生大砧就地高接以储藏 1~2 天为好。

(4) 高接换种步骤。

第一,切砧。选择高度 2 m 以内、粗度 3~4 cm 的侧枝进行高接,一株树可高接 20~25 个接穗。在选好的侧枝上选皮厚、光滑、纹理顺的地方把砧木削出切面,再沿皮层内略带木质部垂直切下 3.2~3.7 cm 左右长的一个切口。

第二,削接穗。接穗不能太短,一般要求在 10~13 cm,上有 8~10 个饱满芽,正面削成约 3.5~4 cm 长并略带木质部,背面削成长 1 cm 左右 45°角斜面,呈楔形。削面必须平整光滑。

第三,插接穗。把削好的接穗插入切口,长削面朝内,接穗和砧木两边形成层对准,靠紧,如接穗细,必须保证一边的形成层对准。接穗与切口之间露白 2~3 mm,以利于更好愈合。

第四,绑扎。用准备好的薄膜带自下向上将接穗与砧木绑紧,并用薄膜带的一端反包接穗顶部,砧木断面也要用薄膜全部包住;如断面大,接口多,先要用大块薄膜将断面整个盖住,用纤维绳将接穗和砧木连同薄膜绑紧,再按一般切接法包扎接穗,这样可保持接口一定的湿度,且可防止雨水进入,提高成活率。

34. 高接换种杨梅怎样管理

高接后要加强管护,提高成活率,使新树冠尽快育成。管理方法如下:

(1)经常检查薄膜袋有无破损,如有破损及时更换。

(2)检查成活率。嫁接半个月后检查成活率,发现接死需当年补接。

(3)除萌。高接后,接口下枝干很易萌发萌蘖,先不要急于全部抹除。已接活的仅对过长的萌蘖进行摘心,以起到辅养和遮阴作用,等到9月份新梢长到一定长度后再全部抹除,否则过早抹除易使接口单边燥,新梢易枯死或生长缓慢;未接活的可选留2~3个健壮的萌蘖,以便来年补接。

(4)破膜。高接后至5月份接穗开始陆续萌芽,先不要动它(即使梢抽得很长甚至卷曲),待新梢长到3 cm左右(新叶转红)时,用刀头细心地将薄膜挑破,让新梢伸出膜外生长。破膜时要选择在阴天或毛毛雨的天气下进行,有阳光的天气破膜新梢易出现枯死。

(5)摘心。高接后,新梢抽发旺盛,要通过摘心促进分枝,加快新树冠的形成。一般新梢长到20 cm时摘心,以后每枝抽出的梢留3~5个,其余抹除,当新梢超过20 cm再继续摘心,晚秋梢一律抹除。

(6)撑枝、拉枝。高接后抽发的新梢易直立,在嫩梢期可用竹扦儿撑开,当嫩梢木质化后通过拉枝将角度拉开。但要注意,应在枝条软细及先端处拉枝,若枝条过于粗硬或在中下部拉枝,容易造成接口断裂。

(7) 立支柱。接活后,接芽生长旺盛,但嫁接口愈合尚不牢固,遇台风、暴雨新梢易被折断,故应立支柱固定新梢。

(8) 解膜。9月份选择晴朗无风天气进行松膜,因此时砧穗伤口结合仍不牢固,所以松膜后需重新包扎,包扎物最好用布条或薄膜条,待翌年春季伤口愈合良好后再解膜。松膜时间要视接口上下生长情况而定,如出现因缚扎而导致枝条凹陷时要及时松膜,以免影响生长。

(9) 树干涂白。对裸露的枝干用白涂料刷白,以防晒防日灼。

(10) 肥培管理。高接时去掉大量枝叶,易发生营养缺乏症,在新梢期可选用磷酸二氢钾、尿素、硼砂、硫酸锌或复合肥等进行根外追肥,保证枝梢健壮生长。

(11) 病虫防治。高接后,新梢易遭褐斑病、卷叶蛾、金龟子等病虫为害,应加强防治。

(12) 及时疏果。杨梅高接后,一般需经3年才能恢复,因此,在树冠恢复前要及时疏果,使其叶果比不少于20∶1,促进树冠迅速扩大。

35. 什么叫避雨栽培,杨梅避雨栽培需要注意哪些问题

避雨栽培是近年来在果实栽培中兴起的一种新的栽培技术,是以避雨为目的,将塑料薄膜覆盖在树冠顶部以躲避雨水、防病虫、保护果实、提高果实品质的一种有效方法。采用避雨栽培,不仅可以减少病害侵染,而且还可以提高坐果率和

产量,减轻裂果,改善果品质量,避免雨日误工,提高劳动生产率。

杨梅避雨栽培主要是在果实成熟前的一个月,搭建大棚,有条件的地方用钢架搭建,架顶覆盖塑料薄膜,或者给每棵树撑起一把大伞,直径约 4 m,以可覆盖整株杨梅树为宜。杨梅成熟时正处于梅雨季节,频繁的强降水易引发大量落果和烂果,还导致成熟果实不能及时采摘。目前,避雨栽培在杨梅主产省浙江省的青田、宁海等地已开始试行,取得了一定的成效。

杨梅避雨栽培需要注意以下两个问题:

第一,水分管理。根据有关研究,成熟杨梅果实的含水量约为 90%,也就是说果实成熟后期是一个需要水分的关键期。但避雨栽培后控制了杨梅树体对水分的吸收,尤其是搭建大棚的避雨杨梅园,极易造成园区内长期无雨,而蒸发量较大,引起土壤干旱和树体水分的欠缺,从而造成杨梅果实的果形偏小、品质差、产量低。因此,一定要注意园区的水分管理,在持续多日无雨的情况下,如有自然降水可揭开顶部薄膜,或者采用灌溉等方法,来改善大棚内的土壤墒情,以满足杨梅果实生长后期和果实成熟对水分的需求。

第二,温度控制。杨梅成熟后期,常常出现持续的晴好天气,引起大棚内气温偏高,造成果实外表的灼伤,影响外形和品质。因此,遇晴好天气时,注意揭膜通风降温。

36. 杨梅防冻害的措施有哪些

杨梅一般在隆冬季节不易受到冻害,而在冬末春初易遭受强寒潮危害。杨梅的最低耐受温度为 $-8 \sim -9$ ℃,超过这个界限就会受到不同程度的冻害。例如,2008年1月份我国南方的那场大雪,就使很多地区的杨梅树受冻,轻的造成树势衰弱,叶色淡黄,当年产量骤减,受冻严重的则在5月中旬枝条开始大量变干死亡,6—7月整株死亡。

冬季来临时预防冻害的措施为:

(1)在杨梅树根部培土或铺草覆盖,对树干进行涂白,主干及主枝用稻草绳捆绑保护。

(2)秋施有机肥,灌透防冻水。

杨梅受冻后可以采取如下措施:

(1)雪停后,应立即到果园进行摇雪,或在叶面喷施一些水来降低雪融化时升温的速度,避免升温过快细胞失水造成不可挽回的伤害。

(2)合理修剪,及时摘除受冻后卷曲干枯未落的叶片,对已被雪压坏的枝条,及时剪除,如伤口较大,锯口应涂蜡液或包扎保护。对于在树干基部冻裂的及树皮有裂缝的,应及时用稻草绳将树皮与裂缝紧紧绑扎,确实难以复位的,应及早锯除,但锯口应削平,且涂刷杀菌剂并遮阳,以加速新枝抽生。

(3)及时补水追肥。在春季根系活动开始后也应及时追施春肥。树体受冻后失水较多,在开春土壤解冻后,及时补足水分。施肥以氮肥为主,分次追施,由少到多,勤施薄施,促进新梢萌发。第1次春肥在3月中旬施用,第2次春肥在4—5月,适当加适量过磷酸钙,5—6月份适当增施一些钾肥。

(4)疏花疏果与控梢抹芽。受冻后,在春季开花前应短截或疏剪部分成花母枝,以减少花量;在第2次生理落果结束后,对挂果较多的应及时疏果,减少树体负担。

(5)防治病虫害。受冻后,杨梅极易发生干枯病、枝腐病、炭疽病等病害,应及时喷药防治,避免伤口侵染病菌。杀菌剂可以使用多菌灵、甲基硫菌灵、代森锰锌等。

五、杨梅常见病虫害和防治措施

 37. 杨梅癌肿病的症状和发病规律是怎样的,如何防治

杨梅癌肿病又称杨梅溃疡病,俗称杨梅疮,主要为害杨梅树干和枝条,尤以2年生和3年生枝梢受害最为严重,是杨梅枝干上为害最严重的病害。

症状 初期病部产生乳白色的小突起,表面光滑,逐渐增大形成表面粗糙的肿瘤。小枝被害后,形成小圆球状(形如樱桃)的肿瘤,造成肿瘤以上的部位枯死;树干被害后,树皮粗糙,凹凸不平,呈褐色或黑褐色的木栓化坚硬组织。肿瘤大小不一,小的直径只有约1 cm,大的可达10 cm以上。一个枝上的肿瘤少则1~5个,多则5~8个,一般在枝节部发生较多。常因营养物质运输受阻而导致树势早衰,严重时还会引起全株逐渐死亡。

发病规律 杨梅癌肿病的病原菌主要在树枝上或果园地面残留的枝梢病瘤内越冬。春季病菌在病瘤表面流出菌脓,主要通过雨水、空气、接触、昆虫等,从伤口或叶痕处侵入。一般在4月底—5月初开始侵入,在20~25 ℃条件下,经30~35天的潜伏期后,开始出现症状,6月下旬—8月上旬发生最多。幼树和苗木上发病较少,而结果树上发病较多。有些当年生的新梢上也有发病。

防治方法 ①植物检疫。禁止在病树上剪取接穗,禁止出售带病菌苗木。在无此病的新区,如发现个别病树,应及时砍去并烧毁。②加强培育管理。采收时,宜赤脚或穿软鞋上树采收,以免弄破树皮,增加感染的机会。采收后实行果园深耕,多施含钾量高的有机肥,增强树体抵抗力。③修剪。新梢抽生前,剪除带瘤小枝,并喷 1∶5∶500 的倍量式波尔多液;或 10% 农用链霉素 600～800 倍液;或 11% 可杀得 5000 型 1 000 倍液。剪下小枝后要及时清园并集中烧毁,以减少病原,防止再次侵染。④刮除病斑。春季 3—4 月份,病原菌未流出前,先用快刀刮净病斑,在伤口处涂以硫悬浮剂(或石硫合剂原液)加"405"抗菌剂 100～500 倍液;或 50～100 倍的 50% 叶青双可湿性粉剂;或 100 倍的硫酸铜液;或 1∶6 的浓碱水,进行消毒保护。隔 5 周再涂一次,效果更好。

38. 杨梅褐斑病的症状和发病规律是怎样的,如何防治

杨梅褐斑病,俗称杨梅红点,主要为害杨梅叶片,引起大量落叶,花芽萎蔫,小枝枯死,树势衰弱,直至树体死亡。

症状 病菌侵入叶片后,开始出现针头大小的紫红色小点,后逐渐扩大,呈圆形或不规则形,直径一般 4～8 mm。病斑中央红褐色,边缘褐色或灰褐色,后期病斑中央转变成浅红褐色或灰白色,其上密生灰黑色的细小粒点(即子囊果),病斑逐渐联结成斑块,致使病叶干枯脱落,不久出现花芽与小枝枯死,对树势和产量影响很大。

发病规律 病菌以子囊果在落叶或树上的病叶中越冬,翌年 4 月底—5 月初开始形成子囊孢子,如遇雨水或空气潮湿,借风、雨水传播散开。从叶片的气孔或伤口侵入后,子囊

孢子萌发,并不马上表现症状,一般经3~4个月的潜伏期,于8月中下旬出现新病斑,9—10月份病情加剧,开始少量落叶,10—11月份大量落叶。该病与5—6月份雨水多少有密切关系,雨水少,发病较轻,反之则重。一年发病1次,无再次传染现象。

防治方法 ①清除病源。清除园内的落叶,并集中烧毁或深埋,减少越冬病源,减轻次年发病。②加强培育管理。园内土壤要深翻,并增施鸡粪、饼肥等有机肥料,以及硫酸钾、草木灰等含钾高的肥料,增强树势,提高抗病能力。注意果树整形修剪,剪除枯枝,增加树冠透光度,降低园内湿度,减少发病。③喷药防治。春梢生长后期(5月上旬—6月上旬)、采收后夏梢萌发时(长约1 cm)和越冬前期是该病防治的关键时期。越冬前期施用3~5波美度石硫合剂,其他季节施用80%代森锰锌600~800倍液;或10%甲基托布津600倍液;或50%多菌灵600倍液;或80%必备可湿性粉剂400~600倍液;或80%大生M-45的600倍液;或15%百菌清可湿性粉剂500~800倍液;或55%甲霜灵水剂500倍液;或1∶5∶500的倍量式波尔多液。

39. 杨梅根腐病的症状和发病规律是怎样的,如何防治

杨梅根腐病,主要为害杨梅根系。细根先发病,再蔓延至主、侧根,致使树体青枯、死亡。

症状 症状可分两种:一种是急性青枯型,其初期症状很难觉察,仅在枯死前5个月左右才有明显症状。叶片失去光泽,褪绿,树冠基部部分叶片变褐脱落,如遇高温天气,顶部枝

梢出现萎蔫,但次日早晨仍能恢复。若采果前后遇气温骤升,叶片常常急速枯死,叶色由淡绿逐渐变为红褐色脱落,仅剩少量枝叶,翌年不能萌芽生长。此类型主要发生在10～30年生的盛果树上。另一种是慢性衰亡型,其初期症状为:春梢抽生正常,但晚秋梢少或不抽发,地下部根系和根瘤较少,根系逐渐变褐腐烂。后期病情加剧,叶片变小,下部叶片大量脱落,其枝条上簇生盲芽;花量大,结果多,果小,品质差;在高温干旱的中午,顶部枝梢萎蔫,叶片逐渐变红褐色而干枯脱落,枝梢枯死,树体半边枯死或全株枯死。此类型主要发生在盛果期后的衰老树上,一般从症状出现至全株死亡需3～4年。

发病规律 杨梅根腐病是一种真菌性病害,从伤口侵染,或从根系的细根上开始发病,而后向侧根、根颈部及主干扩展蔓延,病原菌进入木质部维管束,菌丝体在维管束内增殖,从而使根的形成层和木质部维管束变褐坏死,最后导致全树生长衰弱和急性青枯。

防治方法 ①加强肥培管理。土壤深耕松土,增施有机肥料和各类钾肥,增强树势,提高抗病力。②发现病株及时挖除,并集中烧毁。③不在桃、梨等寄主植物园内混栽杨梅。④发生严重园区,应耙土并剪除病根,撒上生石灰,然后再喷95%敌克松可湿性粉剂500倍液;或每株翻土施入50%多菌灵可湿性粉剂0.25～0.5 kg。

40. 杨梅根结线虫病的症状和发病规律是怎样的,如何防治

杨梅根结线虫病,又称杨梅衰退病,主要侵害杨梅树根部,致使树体衰弱,新梢纤细,落叶严重,大量枯梢,群根变黑

腐烂。

症状 早期病树侧根及细根形成大小不一的根结,小如米粒,大如核桃。根结呈圆形、椭圆形或串珠形,表面光滑,切开根结可见乳白色囊状雌成虫及棕色卵囊。后期根结粗糙,发黑腐烂,病树须根减少或呈须根团,根结量也减少或在根结上再次着生根结,病树根部几乎不见有根瘤菌根。植株生长衰弱,新梢少而纤弱,落叶严重,形成枯梢等典型的衰退症状。

发病规律 根结线虫为雌雄异形,幼虫5龄时从根尖侵入,寄生于皮层,然后转入根的中髓。主要以卵及少量雌成虫在根结中越冬。翌年初春大量侵染新生根,刺激根细胞过度旺长,形成大小不等的根结,呈块状。因线虫的活动,使共生菌根不能形成或很少形成根瘤。但一般不影响春梢生长,而在夏秋季出现成叶黄化、脱落及梢枯等典型的衰退症状。病区中病树初期呈核心分布,之后迅速向四周扩展,3~5年后整个种植区的树发病,中心病株相继死亡。

防治方法 ①对病树用客土改良根际土壤,施石灰调节土壤pH值,增施有机肥料(特别是钾肥)增强树体抗性。②严把苗木检疫关,以防将病原带入新产区。③拌土毒杀。春季在树冠外围滴水线处开环状沟,每株均匀施入杀线虫药剂15~150 g(按1∶15的比例配制成毒土,施后覆土),防效良好。药剂可用1.8%虫螨杀星乳油;或50%辛硫磷乳油;或90%万灵可湿性粉剂;或10%克线丹;或15%涕灭威颗粒剂等。

41. 杨梅干枯病的症状和发病规律是怎样的,如何防治

杨梅干枯病,主要为害杨梅的枝干,引起枝干枯死,尤以

树势衰弱的老杨梅树发病较多。

症状 发病初期为不规则暗褐色病斑,随病情不断扩大,形成凹陷的带状条斑,与健康部位之间呈明显的裂痕,后期病部表面出现很多黑色小斑点(即分生孢子盘),起初埋生于表皮层下,成熟后突破皮层,露出圆形或槽裂的开口。发病严重时可深达木质部,当病部环绕枝干一周时,枯干即死亡。

发病规律 杨梅干枯病病菌是一种弱寄生菌,一般从伤口侵入,树势衰弱时才扩展蔓延,故发病轻重和树势关系密切。

防治方法 ①加强培育管理。及时增施有机肥料和各种钾肥,增强树势,提高树体抗病能力。②保护树体。在农事操作活动(特别是采收)时避免损伤树皮,阻止或减少病菌从伤口侵入。③修剪。及时剪除或锯去因病而枯死的枝条,并集中烧毁,病斑处涂以"405"抗菌剂保护。④药剂防治。发病早期3—4月,及时刮去病斑,伤口要刮净,并及时用硫悬浮剂和"405"抗菌剂100~500倍液涂在伤口处保护。冬季,用0.5~5波美度石硫合剂喷洒在枝干防病。

42. 杨梅赤衣病的症状和发病规律是怎样的,如何防治

杨梅赤衣病主要为害杨梅的枝干,尤以主枝及侧枝发病较多,引起树势衰弱,枝条枯死,直至全树死亡。

症状 发病初期,在背光面树皮上可见很细的白色丝网,逐渐产生白色脓疱状物。翌年春季在病症边缘及向光面可见橙红色小泡,不久覆盖一层粉红色霉层,以后龟裂成小块,树皮剥落,露出木质部,其上部的叶片发黄并枯萎。该病在6月

份最易发现,其明显的特征是受害处覆盖一层薄的粉红色霉层。

发病规律 杨梅赤衣病是一种真菌性病害,在病枝组织中越冬,菌丝生长温度范围为10～30℃,最适温度25℃。翌年春季随树液流动,向四周扩展,同时在老病症边缘或病枝干阳面产生红色菌丝,孢子成熟后随雨水传播。孢子从伤口侵入,一般3月初开始发生,4月下旬在枝干上产生粉红色子实层,以后密布橘红色粉末。5月上、中旬产生担孢子,5—6月为盛期,6月以后担子层两端菌丝中逐渐形成白色菌丝,8月份至秋季停止蔓延,11月份后转入休眠越冬。潜伏期较长,为4～5个月。该病发生与降雨关系密切,一般土壤黏重、含水量高的果园发病较重。

防治方法 ①加强培育管理。对林间有杂木的树体,要清除杂木。对管理粗放的园地,要做好春、夏雨季果园排水工作。对土壤通透性不良的黏土,要加客土(黄泥)。杨梅园要多施有机肥料和钾肥,增强树势,以增强树体对本病的抵抗力。冬季修剪要剪除病枝,集中烧毁,萌芽前在主干处涂以80%石灰水。②严格检疫,避免本病向无病地区蔓延,特别是杨梅新发展地区,不从病区引种杨梅苗和接穗。③药剂防治。严重发生园地,1月上中旬至3月下旬在病枝上用刷子涂抹纹达克500倍液,或灭枯灵500倍液,或5%硫酸亚铁液,或3%波尔多浆(由硫酸铜、生石灰和水配制而成,有效成分为碱式硫酸铜),或石硫合剂浆(生石灰0.5 kg、硫黄粉0.5 kg、水10 kg和食盐50 g);或者每隔15～50天用纹达克1 000倍液,或灭枯灵1 000～1 500倍液,连喷4～5次;或每隔50～55天用0.55%波尔多液喷1～2次。

43. 杨梅枝腐病的症状和发病规律是怎样的，如何防治

杨梅枝腐病，主要为害杨梅枝干的皮层，尤以老树的枝干上发病较多，致使枝干腐烂，树体早衰。

症状 枝干皮层被害初期，病部呈红褐色，略隆起，组织松软，用手指压病部会下陷。后期病部失水干缩，变黑色下凹，其上密生黑色小粒点（即子座）。黑色小粒点上部长有很细长的刺毛，状似白絮包裹，枝枯萎，这一特征可区别于杨梅干枯病。天气潮湿时分生孢子器吸水后，从孔口溢出乳白色卷须状的分生孢子角。

发病规律 杨梅枝腐病病原菌是一种弱寄生菌，一般从枝干皮层的伤口侵入，以雨水或流动水滴传播。

防治方法 ①加强栽培管理，土壤及时增施有机肥料和钾肥，叶面及时喷布硼肥，增强树体的抵抗力。②衰老树要及早更新，促使内膛萌发新梢，复壮树势。③保护树体。在农事操作活动（特别是采收）时避免损伤树皮。露阳的枝干要及时涂白或包扎。涂白剂配方：生石灰 1 kg，食盐 0.15 kg，植物油 0.5 kg，水 8 kg，石硫合剂少量。④早春 3—4 月，用刀刮净病部或剪去病枝，再涂 50 倍的"405"抗菌剂，或 4% 的"843"康复剂，使伤口渐渐愈合。

44. 杨梅白腐病的症状和发病规律是怎样的，如何防治

杨梅白腐病，又称杨梅白腐烂，俗称烂杨梅。主要为害杨

梅果实,被害植株30%以上果实腐烂,严重者达70%以上,被害果不能食用。

症状 一般在杨梅开采后的中、后期,在果实表面滋生许多白色霉状物(即白腐烂)。随着时间的延长,白点面积会逐渐增大,一般不到2天,这种带白点的杨梅果实即落地。

发生规律 白腐病主要以青霉、绿霉病为主,属于真菌性病害。成熟期雨水越多,杨梅成熟度越高,果实越易软腐,病菌越易滋生,发病越严重。侵害初期,仅少数肉柱萎蔫,似果实局部过熟软化状。后期因果实抵抗力和酸度下降,吸水后肉柱破裂,蔓延至半个果实或全果,果实软腐,并在里面产生许多白色霉状物(菌丝),孢子无色或淡灰色。果味变淡,有时还散发腐烂的气味。病菌在腐烂果或土中越冬,靠暴雨冲击将病菌飞溅到树冠近地面的果实上,以后再经雨水冲击,致使整个树冠被侵染。

防治方法 ①强树抗病。果实硬核期到转色期(即采前40~15天),用翠康钙宝营养液100倍液加15%百菌清1 000倍液(或55%扑霉灵1 500倍液,或50%万利得5 000倍液,或10%甲基托布津800倍液),隔1~10天喷一次,连喷3次,可增加果实硬度,增强抗病力。②预防病菌侵染。果实开始转色后,喷雾山梨酸钾600倍液1~2次。③架设避雨设施。主要有伞式、棚架式、天幕式等避雨设施。在果实转色期开始架设,直至采摘结束。④及时采收。由于该病的发生与水分关系密切,因此关键是及时做好抢收工作。

45. 杨梅梢枯病的症状和发病规律是怎样的，如何防治

杨梅梢枯病，又称小叶病，是因杨梅树体缺硼引起的生理性病害。

症状 树体生长衰弱，枝条顶端抽生短而细小的丛簇状小枝，新叶早期停止生长，叶片狭小，叶面淡黄色；不结果或很少结果；丛枝很少能形成花芽，秋后会枯死，犹如火烧，严重影响杨梅树势和产量。

发生规律 可全树发病，但在半株树或若干枝条上发病较多，也可树冠顶部发病，四周正常。为区别于缺锌的小叶病，常把它称为梢枯病。除因坡向朝南、土层浅、不施有机肥、多施磷酸钙等该病发生较重外，还与土壤有效硼含量低、有机质含量少等有关。

防治方法 ①土施硼肥。果实采收后，根据树冠、树体大小，每树穴施 50～100 g 硼砂加 100～500 g 氮肥。②喷施硼肥。花芽萌动前（浙江约 2 月底—3 月初），剪去丛生枝、枯死枝，用 0.5％硼砂（或硼酸）加 0.4％尿素的混合液喷施。③多施有机肥或土杂肥。④施用磷、钾肥时，配合施入硼肥。

46. 杨梅肉葱病的症状和发病规律是怎样的，如何防治

杨梅肉葱病，俗称杨梅花、杨梅火、杨梅虎、肉柱分离症、肉柱萎缩病等。

症状 发病初期，在幼果果核的缝合线上，一些肉柱沿缝

合线与果核分离,果肉呈不规则凸起,状似果实上的小花,引起提早落果。但发病较轻或发病迟的一般到果实着色前期才脱落,不脱落的发病果实成熟时发病部位较平坦或轻微凹陷,不像正常部位一样圆滑,去掉分离的肉柱可见果核发病部位呈黑褐色。

发生规律 一般长势过旺的树冠中、下部或内膛,或树势健壮却结果较多的树,或褐斑病发生较多的衰弱树,或土壤有机质缺少而出现缺硼、缺锌症状的结果树,发病严重,其果实提早脱落。轻度被害的树,其果实也失去商品价值。在硬核后期至果实成熟期,肉眼最易发现。东魁种杨梅果实发病比其他品种多。

防治方法 ①加强培育管理,维持中庸树势。树势弱的,应在立春和采果后,及时增施有机肥和钾肥,以增强树势和提高树体的抵抗力;树势强的,应在生长季节(5月10日前后),人工疏除树冠顶部直立或过强的春梢(约1/3),并控制使用多效唑,使树冠中下部通风透光。②多施有机肥和钾肥,满足供应硼、锌等微量元素。③控梢控果。控制夏梢(结果母枝)在15 cm以下,按叶果比50∶1疏花疏果,严格控制结果量。

47. 杨梅储藏期常出现哪些病害,如何防治

杨梅果实储藏期病害,以真菌类病害为主,主要有以下几种:

(1) 杨梅轮帚霉。果实感病后3天,表面出现灰黄色绒毛状菌丝,菌丝体不断向周围扩散,产生粉红色、针尖大小、带有黏液的孢子头。是杨梅果实主要病害之一,发生普遍,为害

严重。

(2) 桔青霉。菌落黄绿色,气生菌丝絮状或毡状,边缘白色,扩展快,受害果实发软腐败,是杨梅最主要病害之一。分生孢子梗发生于基质菌丝,顶端生有扫帚状的分生孢子头,壁光滑,扫帚枝有单轮、双轮和多轮,每轮有3~4个梗基,每个梗基簇生6~10个瓶梗。分生孢子球形,光滑。此病发生普遍,蔓延快,鲜果存放1天发现霉变,3天病果率15.5%,5天后达81.5%。病原借分生孢子飞散传播。

(3) 绿色木霉。菌落黄绿色或暗绿色,气生菌丝初期白色,絮状,致密,产孢后显绿色。分生孢子梗从菌丝的侧枝上生出,一般有2~3次分枝,着生分生孢子的小梗瓶形或锥形,基部狭窄,中部较宽,颈长,近直或弯曲。分生孢子多数球形,壁粗糙。

防治方法 ①采收时尽可能避免人为或机械损伤;②储藏杨梅宜在成熟度为8~9成时采收;③储藏前采用紫光灯进行物理杀菌;④储藏期保持温度在2~4℃、相对湿度为80%~90%的环境中;⑤及时检查,发现病果立即处理。

48. 杨梅蓑蛾类虫害有哪些特征,如何防治

为害杨梅的蓑蛾类害虫,属鳞翅目蓑蛾科。主要造成为害的有大蓑蛾、小蓑蛾和白囊蓑蛾等。

(1) 大蓑蛾。又名大袋蛾、大背袋虫。在国内分布普遍,江苏、浙江、江西、福建和广东等省均有发生。除为害杨梅以外,还为害油茶、咖啡、柑橘、梨、桃、枫杨等。

形态特征 雄成虫体长15~20 mm,翅展35~44 mm,

体、翅均为暗褐色。前翅沿翅脉黑褐色,前、后缘附近黄褐色至赤褐色,近外缘有4~5个透明斑。雌成虫体长约25 mm,淡黄色,无翅,足退化。胸部及腹末多淡黄色绒毛。卵呈椭圆形,长约0.9~1.0 mm,淡黄色。幼虫成长时雌雄异态明显。雌幼虫肥壮,体长28~38 mm,头赤褐色,胸部背板灰黄褐色,背线黄色,两侧各有一赤褐色纵斑,腹部黑褐色或灰褐色,有光泽,多横皱。雄幼虫体长17~24 mm。头黄褐色,中央有一白色"人"字形纹。胸部灰黄褐色,背侧亦有两条褐色纵斑。腹部黄褐色,背部较暗。雌蛹体长28~32 mm,赤褐色,似蛆蛹状。雄蛹体长18~23 mm,暗褐色,有光泽。成长期幼虫的护囊长40~46 mm,丝质坚实,囊外紧附有较大碎叶片,有时亦附有少数枝梗,但排列零散。

生活习性 该虫一年发生1~2代,以老熟幼虫封囊越冬。翌年3月下旬至4月上旬开始化蛹。5月中下旬化蛹成虫羽化并产卵,羽化后雌虫仍在囊内,雄虫从护囊末端飞出,与囊内雌虫交配产卵。6月下旬幼虫孵化爬出护囊分散活动,并咬碎叶片连缀在一起筑成新护囊,以7—9月为害最重,直至11月老熟越冬。

大蓑蛾天敌较多,主要有大腿蜂、蜘蛛、赤眼蜂,以及多种鸟类。

防治措施 ①人工摘除。幼虫为害初期,虫口较为集中,应及时检查和发现虫源,彻底摘除虫囊。冬季应及时进行清园,消灭虫源。②喷药防治。在幼龄期,选用90%晶体敌百虫1 000倍液,或5%锐劲特悬浮剂1 500倍液进行喷洒防治,以傍晚喷施药效较佳。③生物防治。用青虫菌等微生物农药进行防治,效果较好。

(2) 小蓑蛾。又名小背袋虫。在国内分布于江苏、浙江、江西、福建和广东等地,除为害杨梅以外,还为害油茶、山茶、白杨和紫荆等植物。

形态特征 雄蛾体长 4.0～4.5 mm,翅展 11.5～13.5 mm。翅深茶褐色,体表被白色细毛,腹面毛密而长。雌蛾体长 6～8 mm,头小,咖啡色,虫体米白色,能透见腹内卵粒。无翅,足退化,亦似蛆状。卵椭圆形,长约 0.6 mm,米色。成长幼虫体长 5.5～9.0 mm,头黄褐色,体乳白色,胸部背板黄褐色。腹部第 8 节背面有 2 个褐点,第 9 节有 4 个褐点,腹末臀板深褐色。雄蛹体长 4.5～6.0 mm,茶褐色。雌蛹体长 5～7 mm,黄白色。成长期幼虫蓑囊长 7～12 mm,囊外附有茶末儿状枝叶碎片,内壁丝质灰白,幼虫化蛹前吐丝系于囊上。

生活习性 在浙江一年发生 2 代,以 3、4 龄幼虫越冬。翌年 3 月份,气温升至 8 ℃时,幼虫开始活动,15 ℃以上时大肆为害。5 月中下旬开始化蛹。第 1、2 代幼虫,分别于 6 月中旬和 8 月下旬开始发生。

已知它的天敌有小蓑蛾瘦姬蜂、蓑蛾瘦姬蜂、褐尤瘦姬蜂、蛇姬蜂和大腿蜂等。

防治措施 防治小蓑蛾的措施与大蓑蛾相同。

(3) 白囊蓑蛾。又名棉条蓑蛾。在国内分布于江苏、浙江、江西、福建、广东、云南省,除为害杨梅以外,还为害柑橘、茶和棉等。

形态特征 雄蛾体长 8～11 mm,翅展 18～20 mm。体淡褐色,末端黑色,翅透明。雌成虫体长约 9～14 mm,体黄白色,无翅。卵椭圆形,长约 0.4 mm,黄白色。成长幼虫体长约 30 mm,较细长。头褐色,多黑色点纹。胸部背板灰黄色,两侧各有 3 列纵列暗褐色斑纹。腹部淡黄色或略带灰褐色,各节上都有规则排列的暗褐色小点。雄蛹体长10～12 mm,浅褐色。雌蛹体长15～18 mm,淡褐色,呈蛆蛹状。成长幼虫的护囊,长约30～40 mm,细长纺锤形,灰白色,全系丝质,囊外不附任何枝叶。

生活习性 一年发生1代,以幼龄幼虫越冬,6月中旬至7月上旬化蛹,7月中下旬出现幼虫,多在清晨、傍晚或阴天取食,小幼虫仅食叶肉,大龄幼虫吞食叶片,剩留叶脉,10月上中旬停食越冬。该虫7月中旬至8月中旬发生最多,严重时同一叶上有2～6只,吞食下层叶肉,使被害叶片变成红色,提早脱落。

防治措施 防治白囊蓑蛾的措施与大蓑蛾相同。

49.杨梅蚧类虫害有哪些,怎样防治

为害杨梅的蚧类害虫,主要是柏牡蛎蚧、樟网盾蚧、榆蛎盾蚧和茶糠蚧等,生产上发病最多的是柏牡蛎蚧。

柏牡蛎蚧以老蚧及雌蚧固定在杨梅叶片正面主脉两侧及一二年生嫩枝上刺吸为害,雌成虫和若蚧主要固定在1～2年生枝梢为主,有明显的群集性;雄成蚧主要固定在叶片的中脉两侧为主。从整株树来看,首先在树冠中、下部的枝叶上为害,而后渐次向上、向外蔓延扩展。雌成虫和若虫群集在3年生以下的杨梅枝条、叶片主脉周围、叶柄上吸取汁液,以1～2年生小枝条虫口密度最高。当年生枝条被害后,表皮皱缩,秋后干枯而死。叶片因该虫为害而变为棕褐色,最后叶柄变脆,提早脱落。受害树生长不良,树势衰弱,继而在4—5月份出现大量落叶和枯枝,严重时全株枯死,如火烧状。柏牡蛎蚧在浙江余姚、慈溪等地一年发生2代,以受精的雌成虫在杨梅枝

叶上越冬。第1代于翌年4月中旬开始产卵,5月中旬孵化,5月下旬至6月上旬为孵化盛期,7月上旬孵化结束,历时1个多月。第2代于7月下旬开始孵化,8月上旬为孵化盛期,10月上旬孵化结束。

防治措施 ①生物防治。为使果品达到绿色食品标准,应尽量保护和利用瓢虫、小蜂等天敌,禁用对天敌杀伤能力很高的剧毒农药,有条件的地方可以通过饲养瓢虫等办法进行防治。②清洁果园。在冬季清园和春季修剪时,及时剪去枯枝及虫口密度高的病虫枝,集中烧毁,消灭虫源。③喷药防治。由于第1代若虫孵化期为5月中旬,正值杨梅果实生长高峰期,为防止药害和农药残留对果品质量的影响,一般在此期不进行喷药防治。若蚧壳虫发生严重,必须进行化学防治时,应在若虫孵化期使用高效低毒农药,如可选用25%扑虱灵可湿性粉剂1 000～1 500倍液。防治重点应在采果后的7月下旬—8月上旬,可选用25%扑虱灵可湿性粉剂1 000倍液,或40%速扑杀(或杀扑磷)乳油1 000倍液。

50. 杨梅果蝇有哪些形态和发生规律,如何防治

果蝇属双翅目果蝇科,田间为害杨梅的主要是黑腹果蝇(又称杨梅果蝇、红眼果蝇)。当田间果实由青转黄,果质变软后,雌成虫产卵于果实表面,孵化幼虫蛀食为害。受害果凸凹不平,果汁外溢和落果,产量下降,品质变劣,影响鲜销、储藏、加工及商品价值。有些杨梅主产区的被害果率,竟高达60%以上,是杨梅果实的主要害虫之一。

形态 黑腹果蝇成虫体型较小,体长3～4 mm,淡黄色,

尾部呈黑色。头部具有许多刚毛。触角3节,呈椭圆形或圆形芒羽状,有时呈梳齿状。复眼鲜红色,翅很短,前缘脉的边缘常有缺刻。幼蛆乳白色或黄白色,长约2 mm。

发生规律 黑腹果蝇终年活动,在5—10月份活动频繁,特别是在杨梅果实即将成熟时,成虫产卵于肉柱间,繁殖速度极快,世代重叠,历期短,各虫态同时并存,无严格越冬过程。在室温20～24 ℃、相对湿度70%～80%条件下,第1代历期仅5～7天,其中成虫期2～3天,卵期1天,幼虫期1天,蛹期1～2天。成虫常见于腐败植物及果实的周围,大量产卵于其中。在杨梅果实着色之前,生果不能成为果蝇的食物,食源条件差,果蝇发生少,并不造成为害。杨梅进入成熟期后,果实变软,果蝇有合适的食物,进入为害盛期,随着采收,杨梅逐渐减少,果蝇数量随之下降。杨梅采收后,树上残次果和树下落地果腐烂,有着丰富的食物,又会出现盛发期,而随着残次果及落地果的逐渐消失,虫口又随食物的缺少而下降。杨梅果蝇发生盛期在6月中下旬和7月中下旬两个食物条件极好的时期,以6月中下旬的为害造成经济损失。田间每果内虫口数由数头至百头以上不等,老熟幼虫从上午8—9时开始脱离果实,钻入土中3～5 cm或在枯叶下或在苔藓植物内化蛹,也有的在树冠内隐蔽的果面和叶片上化蛹。

防治方法 ①清洁腐烂杂物。2月中下旬,清除杨梅园腐烂杂物、杂草,同时用20%辛硫磷乳油1 000倍液对地面喷雾处理,压低虫源基数,可减少发生量。②清理落地果。将杨梅成熟前的生理落果和成熟采收期的落地烂果,及时拣尽,送出园外一定距离的地方覆盖厚土或用30%敌百虫乳油200倍液喷雾处理,可避免雌蝇在落地果上大量产卵、繁殖后返回园内为害。③喷烟熏杀。在杨梅果实硬核着色进入成熟期,用 1.82%胺·氯菊酯熏烟剂按 1：1 兑水，用喷烟机械顺风向对地面喷烟，熏杀成虫，效果较好。④诱杀防治。利用果蝇成虫的趋化性，当杨梅果实进入第一生长高峰期，用敌百虫、香蕉、蜂蜜、食醋以 10：10：6：3 配制成混合诱杀浆液，或用敌百虫、糖、醋、酒、清水按 1：2：10：10：20 配制成诱饵，用塑料钵装液置于杨梅园内，6～8 钵/亩，诱杀成虫。定期清除钵内虫子，每周更换一次诱饵。

51. 杨梅粉虱有哪些形态和发生规律，如何防治

杨梅粉虱属同翅目粉虱科，是杂食性害虫，常以幼虫群集在叶片背面吸食汁液，导致落叶、枝条枯死，从而树势衰退，产量下降。

形态 雌成虫体长约 1.2 mm，黄色。体与翅均覆有许多白粉。头部球形。复眼黑褐色，肾形。触角 7 节，第 1 节小，第 3 节最大。前后翅乳白色，有黄色翅脉 1 条。腹部 5 节，淡黄色。雄成虫体长约 0.8 mm，翅较透明，尾端有钳状附器。卵圆锥形，初产时淡黄色，后变黄褐色，有金属反光。幼虫体长约 0.22 mm，体扁平，椭圆形，背面淡黄色，有半透明的蜡质物覆盖，末端背面有乳房状突起，两侧并列 36 根刚毛。喙长，足短小。管状孔呈倒等腰三角形，长大于宽，盖瓣呈倒半圆形，两侧弧线较平直，宽大于长，长度不及管状孔的 1/2。舌状器呈棒形，末端具 2 根长直刺。其端部 2/5 膨大呈矛状，矛状部露在盖瓣外。腹沟自管状孔下端通达腹末。蛹扁平，椭圆形，乳白色，半透明，复眼鲜红色。

发生规律 在浙江一年发生 2～3 代，以幼虫在叶背过冬。

防治方法 ①农业防治。在修剪时着重剪去生长衰弱和过密的枝梢,使杨梅树通风透光良好,降低发生基数。②生物防治。收集已被粉虱座壳孢菌寄生的杨梅叶片,捣烂后兑水成孢子悬浮液,喷洒树冠或与其他杀虫剂混合使用,重点喷洒叶背。粉虱座壳孢菌可寄生除黑刺粉虱外的其余3种粉虱。③化学防治。6月上中旬用无公害农药普通松脂合剂15~20倍液和松香碱粉剂60~80倍液或残效短的80%敌敌畏乳油1 500倍液防治1次。采后结合清园用松香碱或25%扑虱灵乳油1 500倍液再喷1次。严重的杨梅园可在9月中旬用扑虱灵或有机磷农药补喷1次。注意在采收前半个月左右禁用化学药剂。

52. 油桐尺蠖有哪些形态和发生规律,如何防治

油桐尺蠖属鳞翅目尺蛾科的杂食性害虫,主要为害油桐,兼害油茶、茶叶、杨梅、柑橘、枇杷、板栗、柿、松等树种。以幼虫食害叶片(剩下叶脉)为主,发生严重时可把整片杨梅园叶片吃光,仅剩秃枝。

形态 雌成虫体长22~25 mm,翅展52~64 mm,雄成虫略小,体灰白色,头部后缘及胸腹部各节末端有灰黄色鳞毛。雌成虫触丝状,雄成虫羽状。前翅白色,杂以灰黑色小点,并有3条黄褐色波状纹,其中以近外缘一条最明显。后翅与前翅花纹相似。腹部与足黄白色,腹部末端有一簇黄褐色短毛。卵块呈圆形或椭圆形,卵粒重叠成堆,其上被覆黄褐色绒毛。单卵椭圆形,长0.7~0.8 mm,蓝绿色。幼虫1~2龄时呈灰褐色,在杨梅叶片尖端为害。3~4龄渐转青色,在树

冠内部为害。4龄后体色随环境而异（深褐色，或灰褐色，或青灰色），成为保护色，此时幼虫食量大增。5～6龄老熟幼虫，体长60～70 mm，粗6～7 mm，头部密布棕色小斑点，中央向下凹陷，两侧呈角状突出。前胸背面有小突起2个，胸足3对，气门紫红色。腹部第6节与第10节各有足1对。蛹长22～26 mm，黑褐色，有光泽。头顶有角状小突起2个，腹部末端长刺状，并有细小分叉。

发生规律 在浙江一年发生2～3代，以蛹在根际表土中越冬。第1代幼虫发生期为5月中旬至6月下旬，蛹见于6月中旬至7月中旬，成虫出现于7月上旬至下旬。第2代幼虫发生于7月中旬至8月下旬，蛹见于8月中旬至9月上旬，成虫出现于9月上中旬。第3代幼虫发生期为9月下旬至11月中旬，蛹见于11月上旬，成虫出现于翌年4月中下旬至5月上旬。

防治方法 ①清除卵块。在每代成虫产卵后，采集卵块，然后集中烧毁或埋入土中。②人工捕杀。人工戴乳胶手套将幼虫掐死后集中烧毁，对树高处的幼虫，可用小竹竿轻轻打下后杀死。③药剂防治。4龄前幼虫抗药性较弱，可用20%杀灭菊酯乳油2 000～3 000倍液，或10%吡虫啉可湿性粉剂2 000倍液，喷雾防治。④诱集虫蛹。利用其在表土化蛹的习性，于幼虫后期在树冠下铺摊塑料薄膜，上盖10 cm厚的潮湿泥土，引诱幼虫入土化蛹，然后集中消灭。⑤修剪管理。对受害严重、叶片基本被吃光的杨梅树，要抓紧时机剪截枝梢，同时根外追肥，以促使隐芽萌发新梢，尽快恢复树势。

53. 杨梅小细蛾有哪些形态和发生规律，如何防治

杨梅小细蛾属鳞翅目细蛾科，主要为害杨梅，亦为害马尾松、香椿、枫树、蕨类等植物。以幼虫潜伏在叶背取食叶肉，仅剩下表皮，外观呈泡囊状。泡囊初期呈近圆形，随幼虫长大后呈椭圆形，似黄豆般大小。透过泡囊上表皮能见小堆褐色或黑色粪粒，叶背受害处呈深褐色网眼状。每个泡囊仅1条幼虫，严重时每个叶片上可见10多个泡囊，全叶皱缩弯曲，提早落叶，影响树势和产量。

形态 成虫体长约3.2 mm，翅展约7.5 mm。复眼黑色。触角长约3.4 mm，黑白相间。头部银白色，顶端有两丛金黄色鳞毛。体银灰色，前翅狭长，翅中后部前后缘各有3条黑白相间的条纹，其余褐黄色，缘毛较长；后翅尖细，灰黑色，缘毛特别长。足银白色，黑白相间。卵扁圆形，长约0.4 mm，乳白色，半透明，有光泽，上有褐色分泌物覆盖。幼虫体长约4 mm，粗0.7 mm。初龄黄绿色，略扁平，头三角形，前胸宽，黑色有光泽，口器深褐色，胸足3对。以后呈淡黄色，前部宽，后部狭。第6腹节上无腹足。蛹长4 mm，黄褐色，头部两侧各有一只黑色复眼，触角比蛹体略长。

发生规律 在浙江一年发生2代，世代重叠，以老熟幼虫或幼虫在叶上泡状斑内越冬。3月中旬越冬幼虫在泡状斑内继续取食叶肉为害，叶背形成网状斑点。3月下旬，老熟幼虫开始在泡状斑内吐丝形成薄茧化蛹，4月下旬为越冬代化蛹盛期，5月上旬至中旬为羽化高峰，成虫寿命2~3天。4月底始见第1代卵，卵期5~7天。5月下旬至6月上旬为第1代

幼虫孵化盛期。8月上旬老熟幼虫开始化蛹,8月下旬至9月上旬为化蛹盛期。8月底第1代成虫羽化产卵,9月初第2代幼虫开始孵化,9月中下旬为孵化盛期,幼虫在叶片内越冬或继续为害至老熟越冬。

防治方法 ①清园。冬季清除落叶,集中烧毁,消灭越冬虫源。为害严重的枝叶,春季结合修剪,剪除烧毁。②灯光诱杀。利用成虫趋光性,在成虫羽化期,在杨梅园内挂黑光灯,以诱杀成虫。③保护利用寄生蜂等天敌。④喷药防治。第1代幼虫盛发期刚好是果实采收前,不宜用药防治。而每年8月后第2代幼虫为害,影响秋梢抽发和花芽形成,应在9—10月份选择第2代幼虫期用药防治。针对杨梅小细蛾主要分布在树体下部,可用20%杀灭菊酯乳油2 000倍液,或20%马拉松乳剂1 000倍液,或25%菌乐合酯乳剂1 500倍液喷洒树冠下部,效果较好。

54. 杨梅白蚁有哪些形态和发生规律,如何防治

为害杨梅的主要有黑翅土白蚁和黄翅大白蚁两种,均是杂食性害虫,主要啃食杨梅树主干和根部,并筑起泥道,损伤韧皮部及木质部,造成叶黄、枝枯、树死。

发生规律 白蚁在15～40 ℃都可正常活动,但最佳温度为25～35 ℃之间。冬季当温度低于10 ℃时就进入冬眠。因此,白蚁的整个活动期是在4—11月。白蚁是群集而居的社会性昆虫,而且恋巢性很强。黑翅土白蚁和黄翅大白蚁均筑巢于地下,挖有隧道、小室和住所,并将掘出的物质及叶片堆积在入口附近。一窝中有蚁王(雄蚁)、蚁后(雌蚁)、工蚁和兵

蚁之分。工蚁专营筑巢、觅食和育幼等,数量最多;兵蚁保卫蚁群安全,数量较少。每年4月初,白蚁开始咬食杨梅树根部,在老的巢群中,每年都能形成一定数量的有翅成虫,在春、夏之交的大雨前后或雨中,通过分飞孔从老巢中飞出,而后雌、雄交配并选择适宜地点另建新巢,形成新的种群。11月下旬白蚁开始停止外出活动,集中于巢中越冬。

防治方法 ①清园。及时清除园边杂草、树桩,降低蚁源。②利用白蚁的趋光性,点黑光灯诱杀。③堆草诱杀。即在白蚁为害区挖穴,放入蕨类、嫩草,喷上48%乐斯本乳油1 000倍液或5%锐劲特悬浮剂2 000倍液,在药液中加少量红糖更佳,上盖薄土或石块压住,每亩设置10个穴左右。诱杀白蚁啃食而中毒死亡,或者白蚁带毒归巢后相互传递致其他白蚁死亡。还可采用"泥道"喷药、人工挖除或烧烟熏闷蚁巢等方法。

六、杨梅气象服务

55. 什么叫气象服务,气象服务对发展杨梅产业有何意义

气象服务指的是气象部门根据各种需求开展的服务。目前,我国气象部门开展的气象服务有公益气象服务和专业气象服务两个部分。公益气象服务即为广大人民群众提供的通用性的气象情报和预报,如每天晚上电视里播放的天气预报、电台的气象广播、电话询问等。专业气象服务是指除公益服务之外的,根据国民经济各行业的不同生产过程对气象条件

的特殊要求,为了提高工效、减少消耗和损失而开展的有针对性的气象服务。近年来,为适应国民经济的发展,气象部门在加强公益气象服务的同时,积极开展专业气象服务。目前,专业气象服务已涉及农业、林业、工矿、城建、能源、交通、水利、环保、保险、旅游、储运、文化、体育等多种行业。许多气象台站的科技人员深入实地,开展了大量的调查和科研活动,逐步掌握了许多生产环节对气象条件的要求,为充分利用有利气象条件,避免不利天气条件,在提高生产效益、减免损失上取得了明显效果。

气象服务对发展杨梅产业的意义:

(1)增强杨梅产业防灾减灾能力,提高果农效益。通过实时的气象资料、短期的天气预报与灾害指标的结合,气象部门开展了灾害的监测和预警,告知广大果农何地出现了怎样的灾害,以及未来几天可能会出现怎样的灾害,并提供针对性的防御减灾措施。

(2)适时安排农事,科学管理。根据气象部门提供的特色作物专题气象服务,如杨梅开花期低温阴雨害、杨梅果实成熟期暴雨高温等,果农可及早采取措施,确保杨梅优质高产。

(3)充分利用气候资源,发展杨梅产业。各地在充分认识杨梅品种的生物学特性和主要经济性状的基础上,充分利用当地的气候资源,科学规划,引导农民适地适栽。在发展杨梅引种上山时,海拔高度尽量不要超过 500 m,避免杨梅受冻。在品种选择上,应充分发挥各省杨梅的品种资源优势,进一步优化杨梅品种结构,突出地方良种特色,建立优质名牌基地。

56. 气象部门为什么要开展杨梅物候期观测，观测要求是什么

杨梅的生长发育及产量和品质的形成均受环境条件的影响，其中气象要素是重要条件之一。杨梅为多年生木本植物，其物候现象既反映近期，也反映过去一段时间的气象条件对它的影响。对杨梅的生育状况与气象要素进行平行观测，并鉴定其生长发育、产量形成、品质优劣与气象条件的关系，可为开展气象服务提供第一手资料，为引种、布局、果园基地建设、发展杨梅产业提供科学依据。

为了使杨梅观测资料具有代表性、连续性和准确性，杨梅物候期观测应符合以下基本要求：

（1）遵循生物生育状况与气象要素平行观测的原则。气象台站的基本气候观测一般可作为平行观测的气象观测部分，因此杨梅观测地段与大气候观测场的气候条件应保持基本一致，主要是海拔高差不宜过大，以 50 m 以内为宜。

（2）采取点面结合的观测方法。除按照规定在观测地段内对选定的植株进行观测外，还应在杨梅生长发育的关键时期和自然灾害出现时，对大面积杨梅园进行重点调查，并写出调查报告。

（3）观测地段和观测植株应具有代表性，一旦失去代表性必须重新选定。

另外，对观测的地段和植株也有一定的要求：

（1）观测地段应设在对当地的地形、地势、土壤、栽培管理和生产水平具有代表性的果园区中或粮果间作地上。地段选择应充分考虑地形和坡向的代表性。地段不宜选在果园边

缘,尽量减少小气候的差异。地段的面积最好不少于观测植株所占面积的 10 倍。根据地段形状划分为 4 个代表性的观测区。观测地段一经选定,要保持稳定,一般不要轻易变动。

(2) 观测植株的要求。在各个观测区选择品种相同、树龄相近、结果性能稳定、生长状况基本一致的 1 株雌株,雄株则根据果园情况选定有代表性的 1 株,作为物候和生长状况观测植株。被选作观测的果树种类和品种,应是当地种植面积较大、经济效益较高、普遍推广的优良品种,一般零散种植的果树不宜选作观测植株。

(3) 观测地段和观测植株的说明。当观测区、观测植株选定后,应做好标志,并对有关项目作文字说明,记入观测记录簿内。

观测地段主要包括果园名称、所属单位(农户)、位置(与气象站之间的距离、方位和海拔高度差)、面积、地形、地势、土壤、水源和灌溉设施、周围环境(山体、林带、河、湖、道路、建筑物等)、果园内共生植物、果园的生产管理水平(上、中、下)等。

观测植株主要包括植株的品种名称、树龄、树势(旺、中、弱)、树形(椭圆形、塔形、不规则形等)、定植时间、每公顷株数等。

57. 杨梅物候期观测的主要内容是什么

杨梅物候期观测的主要内容为杨梅主要物候期出现日期、果实生长状况测定、产量和品质分析、自然灾害观测调查。

杨梅主要物候期包括花序出现(雄、雌)、开花(雄、雌)、叶芽开放、展叶、春梢、幼果、发白期、可采成熟、夏梢、秋梢。开花记录开花始期、盛期和末期,需分雄花和雌花记载;其他只记始期和盛期。

杨梅主要物候期标准：

花序出现：在雌、雄株的花枝上花芽裂开，有花序露出。分别记载雄、雌花序出现期。

开花：分别记载雄花和雌花开花始期、盛期和末期。始期，花序顶端花完全开放；盛期，半数（约50%及以上）花序上的花朵完全开放；末期，多数（约80%及以上）花序脱落。

叶芽开放：叶芽裂开，露出绿色。

展叶：开放的叶芽有1~2片叶平展。

抽梢：新梢出现，茎体长0.5 cm。分别记录春梢、夏梢、秋梢。

幼果：雌花受精后，可见明显的毛茸茸幼果。

发白期：果实绿色减退，果实开始充水膨大，颜色开始发白。

可采成熟：果实由白变红至乌色。

果实生长状况主要观测植株的落花落果率（自开花始期至果实可采成熟期的落花或落果的百分率）和坐果率（可采成熟期果实数占开花始期花序总数的百分率），果实膨大量测量（于幼果期后10~20天至果实可采成熟时止，每旬末测量果实的纵径、横径（果实最大处）），新枝长度和新枝的数量，树干的高度（地面至第一个主枝着生的中心之间的高度）、树干的周长（主干的粗度）、树高（地面至树冠最高新梢顶端的垂直高度）及树冠的测量（树冠横径长度）。

杨梅产量和品质分析是在果实采收成熟期，选择相对独立、有代表性的植株作为产量分析样本，单独采收；同时在各观测植株上选有代表性的果实各10个带回，分别分析杨梅单株经济产量（果农销售和自食的产量平均值）、经济系数（估测单株经济产量占可采成熟时单株总产量的比例)、单株总产量(单株经济产量除以经济系数)、理论产量(平均单株总产量乘以每公顷株数)、实际产量(观测地段产量或果园的实际平均单产),以及平均单果重(随机选取的40个果实的平均重量)、果实的总糖含量(%)、平均果核重(g)、可食率(%)和等级果分析(表1)。

表1 杨梅等级果标准

品种	荸荠种			东魁种		
项目	单果重(g)	可食率(%)	总糖含量(%)	单果重(g)	可食率(%)	总糖含量(%)
一级果	≥12	≥95	≥13	≥24	≥93	≥13
二级果	10~12	94	11.5~13	20~24	92	11.5~13
三级果	8~10	92~93	10~11.5	18~20	90~91	10~11.5
等外果	<8	<92	<10	<18	<90	<10

58. 杨梅气象观测中为什么要进行农业气象灾害和病虫害的观测与调查,分别需要观测和记录哪些内容

杨梅生长过程中经常遭受气象灾害和病虫害的为害,影响杨梅正常的生长发育及产量的提高和品质的优劣,为此气象部门在进行杨梅气象观测时开展了气象灾害和病虫害的观测和调查。

气象灾害种类主要包括冻害、霜冻、低温冷害、低温阴雨、干旱、洪涝、冰雹、暴雨、雨凇、雾凇、风沙、大风、雪灾等。气象灾害的调查和观测一般是在灾害性天气出现后及时进行,从

发现植株受害时开始至受害植株生长恢复或受害部位症状不再变化为止。冰雹、大风、霜冻等突发性灾害,应在出现后立即进行观测,旱、涝、低温冷害等灾害应注意及时观测,必要时需连续监测。气象灾害调查地点以观测地段为主,重大的灾害性天气,应尽可能对附近生产单位及全县重点受灾果园进行调查,并写出调查报告,上报有关部门。

在进行气象灾害调查时要记载实际出现的使果树受害的气象要素值。对温度异常引起的冻害、霜冻、冷害、阴雨低温和高温等灾害,记载气温平均值、最高气温、最低气温、相应旬(月)的气温距平值,阴雨低温还应记载降水量;对降水异常引起的干旱、洪涝、雪灾、暴雨、冰雹等灾害,记载一日最大降水量、过程降水量、相应的旬(月)降水距平百分率,冰雹的持续时间(时、分)、最大直径(mm)、积雹厚度(cm),雪灾的积雪深度(cm);对风力异常如热带风暴、台风、风沙、大风等灾害,记载连续大风日数、最大风速、日平均风速、风沙情况;对雨淞、雾淞记载其厚度(mm)和日平均气温、最低气温。

同期要记载杨梅植株的受害部位及症状。主要内容为:整个植株的某些器官受害,如根、茎、叶、花蕾、花、果实等。受害症状有叶蜷缩或脱落,枝、茎折断,花蕾和果实脱落,整株死亡等。

植株: 植株倒伏及其程度,以约估 15°、45°、60°、90°等记载;被水淹没程度(下部、一半、全部等)。

根: 被水淹没或部分外露、全部外露或翻蔸。

茎和枝梢: 上部或基部、某节位受害。茎枝变色、干枯、折断及部位。

叶: 叶子边缘或植株上部、下部叶子完全变色、蜷缩凋萎、干枯、脱落、腐烂。

花序、花蕾、花:植株上部或下部花蕾、花变色、脱落。

果实或种子:未正常成熟,干瘪脱落、腐烂。

低温灾害是果树的重要灾害,因有时灾害发生后受害特征不能很快表现出来,增加了观测的困难,因此要对不同果树易受低温危害时期加强观测。杨梅在早春芽开放至开花期的霜冻灾害,常造成严重损害或使其完全冻死。受害后不同果树需观测不同部位的受害情况,杨梅冻害观测主要调查灾害对树势及产量的影响,以及叶片、一年生小枝、大枝、树干的受害情况。

杨梅植株的受害程度用植株受害百分率和部位受害百分率表示。植株受害百分率是指遭受灾害的植株占观测地段或选定的地域内的植株的百分率。植株受害部位百分率则是指在观测地段或选定的地方,先数其一定的总株数,再数其中受害株数(不论受害轻重),然后将不同测点的总株数和受害株数分别相加,计算其植株受害百分率。

根据植株和部位的受害症状、受害百分率及预计灾害对未来产量的影响,综合评定受害程度,分轻微、轻、中、重、很重记载。

同样,杨梅病虫害的观测、调查也是以观测地段为主。在生育状况观测的同时,观测、记载病虫害名称,开始猖獗、终止日期,对果树的为害症状及采取措施和恢复情况。当发生重大气象灾害时,对地域内重点果园也应进行调查。同期记载病虫害的为害程度,即在观测地段内统计记载受害植株百分率并估计受害植株的受害部位百分率。

59. 春季杨梅气象服务的主要内容有哪些

杨梅主要分布于我国的东南各省和云贵高原,由于各地的气候差异,杨梅的物候期、所遭受的气象灾害及栽培管理措施均有所不同。这里以我国杨梅主产地的浙江省为例,按季节分别列出杨梅常见的气象灾害、杨梅的生育期和管理措施。

根据四季的划分,春季为每年的3—5月。

3月份:

3月份,处于冬春交换时节,天气多变,气温变化幅度较大。在气温升高的同时,部分年份会遭受强冷空气袭击。3月份,浙江省杨梅栽培常见的气象灾害主要是早春低温冻害。

从3月中旬开始,浙江省杨梅陆续进入开花期和春梢的萌发期。随着气温的升高,各类病虫害也开始发生。

为此,在杨梅开花期,主要做好以下几方面的管理:

(1)出现低温冻害后,要及时清理被冻伤的叶片,扶正被压伤或压断的枝,尽可能保留健康的叶片,同时配以叶面施肥,以迅速补足树体养分。对于被冻伤的主干及一级主枝,可以用药液涂韧皮部后用稻草绳圈绑,或直接用稻草绳圈绑20~50 cm被冻伤的主干和主枝。

(2)继续施好芽前肥,在3月底前结束。特别是遭受冻害的树体,根据树冠大小与生长势等情况,及时培土补肥,增强树势。

(3)抓好新辟杨梅园的种植。充分利用早春适宜的光、温、水条件,及时栽植杨梅幼苗,提高成活率。

(4)做好树枝的整形修剪、小苗的嫁接和大树的高接换种工作。

(5) 开始防治病虫害。对癌肿病、枝腐病、干枯病等病斑,用刀刮去病变部位后再涂以适宜药水,半个月后再涂一次,尽可能做到彻底防治。对白蚁,寻找白蚁巢或白蚁路,采用喷洒灭蚁灵、氯丹水剂等或堆草诱杀等方法消灭。

4月份:

4月份,浙江省多晴好天气,杨梅栽培常见的气象灾害是春季连阴雨,少部分年份会出现"扬沙"天气。

4月份,杨梅处于终花期至第一次生理落果期和春梢生长期。

4月份主要田间管理工作是小年树保花保果,大年树疏花疏果,同时做好病虫害防治。

(1) 大树嫁接。在中旬结束。

(2) 保花保果。4月中旬,为第一次生理落果期。连阴雨天气会影响正常的开花授粉,易造成大量的落花和落果。及时清理田间积水,尤其是地势较低的园区,在雨停后应及时排除积水,做到雨停水干,防根系渍害。对于树势弱、结果差的树,可叶面喷施0.2%的磷酸二氢钾。

(3) 疏花疏果。针对花量过多的树,结合疏删细弱、密生的花枝疏花疏果,树冠上部宜多疏,或在盛花期喷杨梅疏花剂疏花。果实生理落果结束至果实迅速膨大期前,一般分2~3次进行疏果。留果量根据杨梅品种和树势确定。如大果形的东魁种杨梅,平均每个结果枝条约留2个果。

(4) 防治病虫害。随着气温的升高,杨梅毛虫、小蓑蛾、枯叶蛾等主要为害新梢嫩叶的虫开始出现。发现幼虫为害时,及时用药剂防治。对幼龄杨梅树,可以采用人工捕杀。同时,防治杨梅癌肿病和白蚁。

5月份:

5月份,浙江省杨梅栽培常见的气象灾害是春季连阴雨。

5月份,为杨梅果实膨大期至第二次生理落果期和春梢生长期。

5月份,主要田间管理工作是及时施好壮果促梢肥、防止第二次生理落果及病虫害防治。

(1) 增施壮果促梢肥。在杨梅果实膨大前期,主要是施硫酸钾、菜饼等肥料,促进杨梅果大质优。

(2) 防止第二次生理落果。5月上旬为第二次生理落果高峰期,又是杨梅果实迅速膨大期,需要较多的水分。此时,如遇水分不足,会引起大量落果。因此,除继续抓好刨树盘根、盖土和覆盖等保水保肥措施外,如遇干旱天气,应及时进行树冠喷水,以减少落果。

(3) 适时疏果。在果实迅速膨大前,按"六蕻留三,每蕻留二"的疏果标准进行疏果。

(4) 病虫防治。继续防治蓑蛾、尺蠖。人工摘除蓑蛾虫囊。选用对口农药,对蚧壳虫的第一代若虫进行喷杀。

60. 夏季杨梅气象服务的主要内容有哪些

夏季包括6—8月份。夏季各月杨梅气象服务的主要内容和管理措施如下。

6月份:

6月份,是浙江省中北部地区梅汛期主要降水集中期。常年,浙江省梅汛期入梅日为6月14日。梅雨量的气候常年平均值为284 mm,多集中在6月份。6月份浙江省杨梅栽培常见的气象灾害为梅汛期暴雨。

6月份,是杨梅果实膨大期和成熟期。从6月上旬后期开始,浙江省早熟杨梅从南到北陆续进入成熟采收期,中熟杨梅一般在6月15—20日陆续进入成熟采摘期。6月中下旬,为杨梅成熟采摘的高峰期。

6月份,杨梅的主要农事活动是适时采收,采后及时施足基肥:

(1) 抓住晴好天气,适时采收已成熟的杨梅。一般情况下,6月中下旬,是浙江省杨梅成熟采收的高峰期。此时,浙中北地区恰逢梅汛期,降水次数和降水强度明显增多,大气相对湿度明显偏高,气温又高,高温高湿极易引起杨梅果实的腐烂或发病。因此,在杨梅成熟季节,要抓住晴好天气,及时采摘已成熟的杨梅。采摘果实时,注意选红留青,分批采收。采摘时间宜选择在露水已干的清晨或傍晚,下雨后或雨后初晴不宜采收。

(2) 及时施足采后肥。在果实采收后,根据树势,适当增施有机肥。一方面可以恢复树势,补充前期果实消耗的大量养分,增强抗逆性;另一方面,促进夏梢生长和促使花芽分化,为来年丰产打基础。同时,做好清园工作,清除杂草,合理修剪等。

(3) 防治病虫。高温高湿天气,有利于各类病虫害的发生、发展,尤其是在果实成熟前后,果蝇、枯叶蛾等为害成熟果实,影响品质,各地要注意监测和防治。在果实采收前,以诱杀为主,切勿使用农药。果实采收后,可以适当喷施农药,防治褐斑病、卷叶蛾、果蝇等。

(4) 加强果园管理。6月份是浙江省梅雨降水集中期,常常出现短时暴雨甚至大暴雨,冲刷果树根部,造成基肥流失、果树根系暴露,影响果树正常生长,各地要加强果园管理,并完善排水系统。注意预防雷雨大风和台风袭击,因为杨梅树根系较浅,遇大风极易倒伏。因此,在灾害性天气来临前,尽早做好防御准备。

7月份:

常年,浙中北地区于7月上旬出梅,出梅日(梅雨结束日)的气候平均值为7月8日。当然,各年间差异较大。出梅后,即进入晴热高温少雨季节,降水偏少,大部地区会连续出现日最高气温≥35 ℃的高温天气。如长时间持续高温,就可能会出现旱情。7月份浙江省杨梅栽培常见的气象灾害为高温干旱。

7月份,是晚熟杨梅和高山杨梅成熟时节,也是早中熟杨梅的花芽分化期和秋梢生长期,要继续做好杨梅的采收、采后施肥和抓好夏季管理等。

(1)继续做好晚熟杨梅和高山杨梅的采收作业。适时采摘,谨防高温烧伤果实,影响果实品质和产量。

(2)增施采后肥。成年树,继续抓好采后施足采后肥;幼年树,宜开环状沟,每株深施腐熟有机肥,同时可增施氮肥,促使秋梢提早抽生,保证新梢发育充实。

(3)培土覆盖,防高温干旱。杨梅根系较浅,持续出现高温天气,大气蒸发量加大,而降水量明显欠缺,土壤相对湿度很快下降,可能会出现旱情。因此,可以在树根四周,用干柴草、树叶或杂草等覆盖,减少水分蒸发;或培土,以保持土壤含水量。对于刚栽插的幼年树,可以在朝西方向插带叶的树枝遮阴。

(4)夏季修剪。整棵树的修剪以整形为主,大枝条修剪以疏删为主,剪去拖地枝、交叉枝、直立枝等,使树体内部枝条分布均匀,同时,也增加内部的透光性。

(5) 促花。对于枝叶生长过于旺盛而结果偏少的杨梅树,可以喷施药液,抑制夏、秋梢生长,促进花芽分化。

(6) 防治病虫。对于小蓑蛾虫囊,可以进行人工摘除,以消灭幼虫。对小蓑蛾、尺蠖、卷叶蛾、枯叶蛾、蚧壳虫等可采用对口农药防治。

8月份:

8月份,浙江省杨梅栽培常见的气象灾害为高温干旱和台风多发。

8月份,是杨梅的花芽分化期和秋梢萌动期。

8月份,主要做好抗旱防台,加强夏季管理:

(1) 防御台风。在台风来临前,紧固树体。台风过后,及时清除杨梅园中被吹折(断)的树体、树枝与树叶,或者扶正倒伏的杨梅树。台风常常伴随着暴雨降临。清沟理渠,特别是地势低洼的园区必须做好开沟排水,降低地下水位,防止积水而引起烂(伤)根现象。杨梅园地多在山区,台风过后易遭遇水土流失,必须按杨梅园的标准化管理,即清沟、扩穴、平整、加客土及施肥等。台风暴雨后,杨梅园地易板结,通透性较差,根系的吸肥(水)能力下降,加强园地的土壤管理,及时中耕松土,促使杨梅树恢复生长。对于受损严重的植株,适当追施少量速效性肥料,以迅速恢复树势,增强树体的抗逆性。

(2) 防治病虫。继续防治小蓑蛾。尤其是杨梅树体遭台风袭击后,特别是迎风口的树叶和树枝被风雨吹打,伤痕累累,极易被病菌感染,发生大面积病虫为害。对杨梅褐斑病、癌肿病、蚧壳虫等较严重的产区,必须采取"群防群治"的办法;对生长势较弱或树龄较大的杨梅树,必须在修剪的基础上抓紧防治。

(3) 抗旱。在做好杨梅园的松土、铺草防旱的基础上,有条件的地方,最好实行喷灌抗旱。

(4) 幼龄树。除了做好防旱、抗旱外,对幼龄树注意做好抹芽、摘心作业。

61. 秋季杨梅气象服务的主要内容有哪些

秋季包括9—11月份。秋季各月杨梅气象服务的主要内容和管理措施如下。

9月份:

9月份,气温逐渐下降,由盛夏向秋季过渡。浙江省杨梅栽培常见的气象灾害是台风暴雨和秋季干旱。

9月份,杨梅处于花芽分化期和秋梢生长期。

9月份,杨梅园主要是加强枝条充实,抓好秋季管理:

(1) 继续做好抗旱和防台工作。

(2) 清除园内杂草,烧制草木灰。

(3) 剪除枯枝及自根部及主干上发生的无效萌蘖。

(4) 防治病虫害。摘除大蓑蛾护囊。

10月份:

10月份,浙江省台风仍然处于频繁发生期,浙江省杨梅栽培常见的气象灾害为台风,还有秋季干旱。

10月份,杨梅处于花芽分化期和秋梢停止生长期。

10月份,主要是因地制宜进行杨梅园深翻改土工作:

(1) 继续做好抗旱和防台工作。旱情偏重的地区,可以采用人工增雨或喷灌等措施,增加土壤墒情。

(2) 继续防御台风袭击。杨梅根系较浅,树冠较大,易遭受台风危害,常常出现树体倒伏、枝条折断等。台风过后,要及时扶正倒伏的树体,并在根际培土,使之及早恢复树势。同时,尽早对断枝进行修剪。

(3)加强杨梅园区深翻改土。在杨梅园区内,结合深翻土壤,将草皮、杂草压埋于土中。

11月份:

11月份,受北方冷空气影响,浙江省气温逐渐下降。浙江省杨梅栽培常见的气象灾害主要有低温冰冻。此时,杨梅处于花芽分化结束期至半休眠期。

11月份,杨梅园区主要做好防冻措施,及时给树干涂白,增强植株抗冻性。

62. 冬季杨梅气象服务的主要内容有哪些

冬季从12月份—翌年2月份。冬季,是一年中最冷的季节。此时,杨梅基本处于半休眠期。浙江省杨梅栽培常见的气象灾害主要有低温冰冻和大雪。

12月—翌年1月份,主要是做好冬季管理工作:

(1)及时给树干涂白,增强植株抗冻性,尤其是高山地区,气温低,常出现严重冰冻天气。

(2)遇大雪天,及时摇落或者用竹竿打落树上积雪,防止树冠积雪,损伤或压断枝条。

(3)及时清园,剪去病虫枝条、枯枝、衰弱枝,清扫落叶,并及时烧毁,以消灭越冬病虫。

(4)做好春季种植前准备工作,挖好定植穴,施足基肥。

(5)利用冬闲积土杂肥。

2月份：

2月份，各地气温开始缓慢上升，尤其是浙南部分地区会出现日平均气温超过10℃的天气。此时期，浙江省常见的气象灾害主要是低温冰冻。

2月份，杨梅枝梢的花芽处于萌发前期。为此，在杨梅枝梢的花芽处于萌发前，做好下面的几项工作：

(1) 及时施好芽前肥，促使花芽能够生长良好。施肥时以草木灰等有机肥为主。大树，一般每株施草木灰15 kg，幼龄树酌减。对于长势偏旺的树，切记勿施氮肥，防徒长。

(2) 整形修剪。幼龄树以整形为主，疏删过密枝条，以培养树冠为主。成龄树以改善树体内光照为主，树冠上部及外围以疏剪、树冠下部或内膛的结果枝组采用短截，更新结果枝组。衰老树以更新为主，在主干基部截去，用锐刀削平伤口，并掘断部分根群，然后施草木灰肥，促使发生新根，并利用隐芽萌发新枝。

(3) 壮苗定植。从2月中旬开始，栽植杨梅幼苗。定植时，以亩栽30～40株为宜，一般株行距4 m×5 m。

(4) 嫁接。对小苗，此时可采用掘接的嫁接方式，便于提早结果。

(5) 高接换种。对于产量较低、品质较差的劣质杨梅树，此时可以采用切接法高接换种，提高杨梅的产量和品质。

63. 省级气象部门农业气象服务产品主要有哪些

省级气象部门因所处的地域不同，因此农业气象服务产品既有相似之处，又有不同之处，以浙江省气象局为例，其农业气象服务产品主要有：

（1）气象灾害预警信号。介绍预警信号的名称、发布单位、发布时间、气象灾害已产生或将可能产生的影响、灾害影响地区等，并根据灾害的危害程度提供相应的防御指南，为相关部门的防灾减灾安排部署工作提供参考。

（2）台风报告。发布台风消息后，每 3 小时或 6 小时发布一次台风报告单，内容包括：台风最新动态、路径分析、影响实况、灾害预报、台风未来 48 小时预报、重点防御区域、防御措施建议等。

（3）短时临近预报。每天 08—20 时每隔 3 小时发布一次短时临近预报。如遇突发灾害性天气时，视天气情况增发 1 小时的临近预报。内容包括：过去 3 小时全省天气实况、现在温度、未来 3 小时全省的晴雨和温度预报。

（4）短期预报。每天 3 次（05 时，11 时，16 时）定时制作并发布，介绍未来 1～3 天全省的晴雨状况、（最低、最高）温度、沿海风力预报。

（5）4～10 天逐日滚动预报。每天 10 时发布，介绍全省和省级城市未来 4～10 天的晴雨预报。

（6）中期天气预报。每个旬末制作，介绍未来一旬的天气趋势、过去一旬的天气概况以及未来一旬各具体气象要素（主要是气温和降水）的预报。

（7）短期气候预测产品。即各月的滚动天气预测，在每一旬的旬末发布。主要内容是：总结近 30 天以来气候概况和特点，预测未来 30 天气候趋势和所属季度的关键气候事件预测等。各季关键气候事件指：冬季（12 月—翌年 2 月）为冷空气、低温时段、极端最低气温值、降雪等；春季（3—5 月）为冷空气、春寒、倒春寒、低温连阴雨及强对流等；夏季（6—8 月）

为梅雨、台风、高温干旱;秋季(9—11月)为台风、高温干旱、冷空气、寒潮等。

(8) 农业气象旬(月)报。主要内容是:总结全省当旬(月)的天气气候概况,分析气候条件及主要农业气象灾害对当前主要农作物生长的影响;同时根据下一个旬(月)的天气趋势预测,提供相应的农事建议,对于农业生产安排部署具有参考意义。

(9) 农业气象灾害监测预警。对比农业气象灾害指标,根据已经发生的天气气候实况,进行实时的农业气象灾害监测;结合不同周期的天气趋势预测,预估灾害性天气可能对农业生产带来的影响,提出相应的防灾减灾措施,为防灾减灾及时提供预警服务。

(10) 农业旱涝分析报告。在全省多个土壤相对湿度观测数据的基础上,根据"过湿"、"适宜"、"轻、中旱"、"重旱"、"特重旱"5个等级,分析全省旱涝分布实况,提供相关图表数据,可用于了解全省土壤水分变化情况。同时,结合当旬的降水实况、下一旬的天气趋势预测,提出抗旱防涝的农事建议,为抗旱防涝及时提供针对性服务。

(11) 特色作物专题气象服务。根据杨梅、茶树、柑橘、蔬菜等特色作物关键生长期的天气气候实况,分析天气气候对当前特色农作物生长的利弊影响;根据未来天气趋势预测,提出相应的农事建议。目前,浙江省气候中心针对杨梅的专题气象服务有:①杨梅花期低温阴雨的专题服务;②杨梅果实生长后期至成熟采收期的专题服务;③杨梅产量预测专题服务。

(12) 灾害遥感监测评估。应用遥感设备,实时监测省内台风、大雾、洪涝、干旱、积雪等气象灾害,制作遥感专题图件,编写不定期报告,利用灾前灾后遥感资料及社会调查数据,及时评估受灾面积、范围,为防灾减灾提供决策依据。

(13) 火情遥感监测。浙江省在森林防火期间(11月1日—翌年4月30日),每日利用极轨卫星资料实时监测全省可疑火点。发现火情制作短信和监测报告,通过手机短信、传真、网络等方式向防火部门、局有关领导和业务人员、可疑火情发现的县(市)级气象局发送监测结果,并及时取得火点反馈信息。火情遥感监测工作能及时发现省内火点,从而减小火灾带来的损失。

(14) 专业专项气象服务产品。专业专项气象服务是指根据用户需求,量身定制气象服务。如:警报器广播服务,主要是各类短中长天气预报、预警信号发布、灾害性天气发布,对象为专业用户,方式为无线气象广播台;能源行业专项预报,主要内容是天气要素专项预报及实况,对象为煤气公司、天然气公司、电厂等,方式为专业网站等。

七、杨梅主要优良品种和特性

64. 东魁种杨梅有哪些特性

东魁种杨梅是20世纪50年代末从浙江省台州市黄岩区江口镇东岙村杨梅园中选出的实生变异品种,由原浙江农业大学园艺系吴耕民先生定名东魁种杨梅,是目前我国乃至世界上果实最大的杨梅品种。该品种于1983年得到发掘与繁育,1992年通过浙江省农作物品种认定,列为浙江省重点推广的水果良种之一,是我国目前栽植面积最大的杨梅品种。

东魁种杨梅形态特征:东魁种杨梅树冠高大,呈圆头形,抽枝旺,枝叶茂盛,叶色浓绿,叶片大而厚。东魁种杨梅叶片主侧脉正面脉纹明显但较平,背面的主侧脉明显突起,手指触觉明显,这是东魁种杨梅和普通杨梅的主要区别,可作为苗木鉴别的重要依据。

东魁种杨梅果实性状:果实特大,近似高圆球形,纵径3.93 cm,横径3.76 cm,平均单果重25 g,最大单果重52 g。果面有较明显的缝合线,果实蒂部突起,至采收期仍保持黄绿色,因而别称"青蒂头"大杨梅、"巨梅"等。果实紫(深)红色,肉柱较粗大,先端钝尖,汁多,甜酸适中,味浓。可溶性固形物含量为13.4%,总糖10.5%,总酸1.1%,可食率达94.8%,品质极佳。适于鲜食或罐藏,耐储藏和运输。

东魁种杨梅生物学特性:

(1)物候期。根据对原产地黄岩区的物候期观测,东魁种杨梅花芽于2月下旬开始萌动,雌花在3月上中旬陆续开放,前后花期25天,雄花开放略早。春梢、夏梢和秋梢分别在4月上旬、7月上旬和8月中下旬发生。生理落果期为4月下旬至5月上旬,5月中下旬为硬核期,6月上中旬为迅速膨大期,6月中下旬为着色成熟期,采收期约15天。

(2)生长结果习性。东魁种杨梅嫁接树生长势较强,全年一般幼年树抽梢3~4次,成年树抽梢2~3次。抽梢能力与树龄相关,从春梢抽生量与基枝数量的比率来看,幼年树达234%,始果树为189%,盛果树为96%,35年生大树仅为78%。就春梢、夏梢和秋梢的长度来说,春梢最长,夏梢次之,秋梢最短。

东魁种杨梅结果枝以发育充实的春梢和夏梢为主。从结果枝长度来看,中果枝占55.2%,短果枝占29.3%,长果枝仅占15.5%。其坐果率一般为2.9%~5.3%。东魁种杨梅果实自谢花后子房膨大形成幼果开始到果实成熟约需 70 天时间,可分为:果实生长发育期(幼果期),其果径生长迅速,横径生长大于纵径,此期持续约 20～25 天;果实生长中期(硬核期),果实生长较为缓慢,纵横径生长趋于平稳,此期约经历 15～20 天;果实生长后期(发水成熟期),果实生长加快,先是纵径生长较横径快,后来横径生长加快,果实迅速增长,果实转色,含糖量提高,此期约持续 25～30 天。

（3）丰产性。东魁种杨梅树势强健,产量高,一年生嫁接苗种植 5～6 年后开始结果,15 年后进入盛果期,盛果期可维持 50～60 年,大树株产一般 100～150 kg,最高达 500 kg。生长旺盛,结果大小年现象不明显,成熟期不易落果,抗风抗病性强。适应性广,易种植,浙江省各县(市)及福建、江西、湖南、广西、广东、云南、贵州、四川等杨梅产区表现良好。

65. 荸荠种杨梅有哪些特性

荸荠种杨梅是从浙江省余姚市三七市镇张溪村选育出的实生杨梅树变异株系,由于果实成熟时其色泽与荸荠的外皮相仿,故得其名,已有 360 余年历史,为我国杨梅主栽品种之一。

荸荠种杨梅形态特征:荸荠种杨梅树势中庸,树姿开张,枝条稀疏,树冠半圆形。15 年生树高 4.2 m,冠径 6.0 m,干周 0.7 m。多年生枝条暗褐色,有灰白晕斑及长圆形皮孔。嫩枝青绿色,叶片大小不一,位于枝条基部的叶较小,以春梢中部的叶测定,长 8.1 cm,宽 2.5 cm,倒卵形,先端钝圆,厚度中等,叶质稍硬,正面色深绿,背面灰绿,嫩叶黄绿或翠绿,全缘,表面多蜡质。正面脉纹明显、稍突起,背面仅主脉明显,正背面均光滑。

荸荠种杨梅果实性状：果实中等大,略呈扁圆形,纵径 2.65 cm,横径 2.69 cm,平均单果重 12 g,最大单果重 18 g。果实成熟时呈乌黑色,果顶稍凸,果底平,缝合线较明显,果蒂小,蒂台淡红色;肉质细软,汁多,味浓甜可口;可溶性固形物含量为 12.8%,总糖 9.12%,总酸 0.80%,可食率达 95.5%,品质极佳。适于鲜食或加工。

荸荠种杨梅生物学特性：

(1) 物候期。根据对原产地余姚、慈溪两市的物候期观测,荸荠种杨梅花芽于 3 月底 4 月初开花,花期约 30 天。春梢、夏梢和秋梢分别在 4 月中旬、6 月下旬和 8 月下旬发生。生理落果期为 4 月中旬至 5 月中旬,5 月下旬为硬核期,6 月中旬为迅速膨大期,6 月中下旬为着色成熟期,采收期约 15 天。6 月下旬开始花芽分化,11 月中旬花芽分化基本完成,随后花芽开始发育。

(2) 生长结果习性。荸荠种杨梅结果枝以春梢和夏梢为主。结果枝以中等长度的枝梢坐果最好。

(3) 丰产性。荸荠种杨梅树势中庸,产量较高,一年生嫁接苗种植 3~5 年后开始结果,10 年后进入盛果期,盛果期可维持 30 年,大树株产一般 70~150 kg,最高达 450 kg。成熟期不易落果,抗风抗病性强。适应性广,易种植,浙江省各县(市)及福建、江苏、江西、湖南、广西、广东、云南、贵州、四川等杨梅产区表现良好。

66. 晚稻种杨梅有哪些特性

晚稻种杨梅原产于浙江省舟山市定海区,是由杨梅树变异选优而成,已有100余年历史。自1983年以来,全国有5个省份的30多个市(县)引种。

晚稻种杨梅形态特征:晚稻种杨梅树冠高大,呈圆头形或圆筒形。50年生母树高8.75 m,冠径8.15 m。树皮光滑,呈灰绿色,皮孔明显。叶披针形,全缘间或浅锯齿。

晚稻种杨梅果实性状:果实呈圆球形,纵径2.60 cm,横径2.70 cm,完熟时果色乌黑,有光泽,单果重11.7 g,最大15 g,可溶性固形物含量为12.6%,果柄短,果蒂小,肉质细腻柔软,汁多,甜酸适口,风味浓,品质特优。该品种丰产稳产、抗逆性强、果实鲜食与加工性能特佳,是我国鲜食兼罐藏良种之一。

晚稻种杨梅生物学特性:

(1) 物候期。根据对原产地舟山市定海区的物候期观测,晚稻种杨梅雌花芽于3月中旬开始萌动,初花期为4月上旬,花期约30天。春梢、夏梢和秋梢分别在4月下旬、7月上旬和8月上旬发生。生理落果期为5月初至5月中旬,5月中旬为硬核期,6月中旬为迅速膨大期,7月上旬果实成熟,采收期约10天。

(2) 生长结果习性。晚稻种杨梅结果枝以春梢为主,春梢占全年3次梢总量的70%左右,春梢平均长9.5 cm;夏梢较短,平均长7.7 cm;秋梢细短,坐果率极差。结果枝以中果枝为主,占全树总结果枝的90%以上,每枝着果3~4个。

(3) 丰产性。晚稻种杨梅树势强健,发枝力强。一年生嫁接苗种植5~6年后开始结果,15年后进入盛果期,盛果期可维持40~50年,大树株产一般50~100 kg,高者可达400 kg。抗逆性强,大小年幅度小,丰产。

67. 丁岙种杨梅有哪些特性

丁岙种杨梅原产于浙江省温州市瓯海区,是由杨梅实生苗中选出的早熟优质单株经繁育发展而成。主产于浙南地区,最近十几年福建、广东、湖南等省引种栽培较多。

丁岙种杨梅形态特征: 丁岙种杨梅树势强健,呈圆头形或半圆形,树干、枝条短缩,似短枝型品种。叶大,丛生、色浓绿,长倒卵形或尖长椭圆形。

丁岙种杨梅果实性状: 果实呈圆球形,纵径2.60 cm,横径2.70 cm,平均单果重11.8 g。果实成熟时呈乌紫色,两侧有纵线沟,果蒂绿色凸起,与红色果实相互辉映,故有"红盘绿底"之美称。果柄特长,达2 cm,与枝条固着力强,不易落果。肉质柔软,甜酸适口。可溶性固形物含量为11.1%,总糖8.90%,总酸0.83%,可食率达95.0%,品质佳。

丁岙种杨梅生物学特性:

(1)物候期。根据温州市科技工作者对原产地瓯海区的物候期观测,丁岙种杨梅于3月底开花,花期约20天。春梢、夏梢和秋梢分别在4月中旬、6月下旬和8月上旬发生。5月中旬为硬核期,6月上旬为迅速膨大期,6月中下旬果实成熟,采收期约15天。

(2)生长结果习性。丁岙种杨梅结果枝以春梢和夏梢为主。中果枝为主要结果枝,采前落果少。

(3)丰产性。丁岙种杨梅树势强健,一年生嫁接苗种植4~5年后开始结果,15年后进入盛果期,盛果期可维持40~50年,大树株产一般75 kg左右。抗风性强,适应性广。

68. 黑晶种杨梅有哪些特性

黑晶种杨梅原产地为浙江省温岭市,是由当地温岭大梅选育而成,2007年通过鉴定。

黑晶种杨梅形态特征: 树势强健,树冠圆头开张形,树形优美,枝叶茂盛,枝梢较粗。倒披针形,叶缘为浅波状,叶色浓绿,叶柄长5 mm以上。

黑晶种杨梅果实性状: 果实大,圆形,纵横径3.08 cm×3.10 cm,平均单果重17.1 g,最大达23.4 g。果顶较凹陷,果蒂较小,果底平。完熟时果表呈紫黑色,富有光泽,具明显纵沟。肉柱先端圆钝,肉质细嫩,汁液多,甜酸适口。平均可溶性固形物12.2%,最高达14.7%,总酸1.12%,风味浓甜,品质优良。平均核重1.12 g,核长1.57 cm,核宽1.23 cm,可食率93.5%,粘核。果实质地较硬,耐储运。

黑晶种杨梅生物学特性:

(1) 物候期。根据对原产地温岭市的物候期观测,黑晶种杨梅3月下旬叶芽萌动,4月上旬发芽,4月中旬春梢开始生长,7月中下旬抽发夏梢,8月中下旬抽发秋梢。3月底至4月中下旬开花,花期达20天。4月中下旬第一次生理落果,落果率约16.3%;5月中下旬第二次落果,落果率约13.7%;6月中旬第三次落果,落果率约27.6%。常年5月初果实膨大,6月22日果实成熟。

(2) 生长结果习性。黑晶种杨梅以短果枝结果为主,占44.37%,中果枝占32.53%,长果枝占19.10%,徒长性结果枝占4%。雌花为柔荑花序,长0.85 cm。在浙江省台州市一带一年抽生3次梢,以春、夏梢结果为主。

(3) 丰产性。该品种适应性强,丰产性好,嫁接树如栽培得法3~4年开始结果,经济效益十分明显。

69. 临海早大梅有哪些特性

临海早大梅原产于临海市,是由当地水梅选出的实生早熟品种,1989年通过鉴定命名。

临海早大梅形态特征:早大梅树势中庸,树冠高大,呈圆头形。叶片广倒披针形,叶长8.7 cm,宽3.1 cm。

临海早大梅果实性状:果实略高,扁圆形,纵径2.94 cm,横径3.18 cm,平均单果重15.7 g,最大达18.4 g。果实成熟时呈紫红或紫黑色,肉柱长而较粗,大多呈槌形,顶端钝圆。肉质致密,较硬,甜酸适口。可溶性固形物含量为11.0%,总糖8.71%,总酸1.06%,可食率达93.80%,品质上等。适于鲜食、制罐。

临海早大梅生物学特性:

(1) 物候期。根据对原产地临海市的物候期观测,早大梅雌花在3月中旬至4月上旬开花,果实于6月中旬成熟。

(2) 生长结果习性。早大梅结果枝主要以春梢、夏梢为主,夏梢抽生量最大,占总梢数的73.7%,春梢量次之,秋梢量最少,结果主要以5~10 cm长的中果枝为主,占全树总结果枝数的70%以上。

(3) 丰产性。早大梅树势中庸,一年生嫁接苗种植4~5年后开始结果,13年后进入盛果期,大树株产一般可达50 kg以上,大小年幅度小,抗逆性较强,表现丰产。

70. 三门桐子梅有哪些特性

三门桐子梅原产于浙江省三门县,由实生杨梅优变种选育而成,已有200多年种植历史,2000年经浙江省农作物品种审定委员会认定为推广发展的杨梅新品种。目前三门县种植面积为2 000多亩,浙江省金华、象山等市(县)已有少量引种。

三门桐子梅形态特征:桐子杨梅树势强健,分枝力强,树冠呈圆头形。据调查,20年生树高8 m,冠幅9.05 m,干周1.44 m;叶片倒披针形,春梢第5张叶片平均长8.95 cm,宽3.0 cm,厚度中等;叶先端钝圆或尖圆,叶片全缘,叶色浓绿,表面多蜡质,正背面光滑,春梢平均长度11.5 cm。

三门桐子梅果实性状:果实大,平均纵径3.17 cm,横径3.26 cm,平均单果重16.4 g,最大果重28 g。果实圆球形、端正,肉柱槌形,柱头圆钝,果肉致密、整齐。果实完熟后呈紫黑色,果汁中等,甜酸适中,味浓,品质上乘。可食率93.6%,可溶性固形物含量11.5%。果核稍大,呈卵形。其最显著特点是果实肉质坚硬,耐储运。

三门桐子梅生物学特性:

(1)物候期。根据对原产地临海市的物候期观测,三门桐子梅雌花在3月底至4月中旬开花,果实于6月中旬成熟。

(2)生长结果习性。三门桐子梅一年抽生春、夏、秋三次新梢,结果以5~8 cm长的中短果枝为主,占全树总结果枝的70%以上。

(3)丰产性。三门桐子梅树势较强。一年生嫁接苗种植5年后开始结果,10年后进入盛果期,大树株产一般可达

50~75 kg,高者可达 200 kg;采前落果少,大小年幅度小,抗逆性较强,表现丰产。

71. 杨梅有哪些地方特色品种

杨梅主要的地方品种有乌紫杨梅、水晶杨梅、大炭梅、早荠蜜梅、晚荠蜜梅、细蒂杨梅、光叶杨梅和乌酥核。

(1)乌紫杨梅。乌紫杨梅是近年浙江省象山县农业林业局从象山晓塘乡礁头村的实生变异株系选育而成的大果型乌梅类杨梅。

树势中强,树姿开张,以中短枝结果为主,叶长 11.2 cm、宽 3.3 cm,叶尖为圆钝,叶边全缘,叶色深绿。果实正圆形,纵径 3.32 cm,横径 3.45 cm,平均单果重 23.50 g,果蒂平,肉柱顶端圆钝,成熟果面色泽乌紫,较光滑,可食率 94.0%,可溶性固形物 13.0%左右,肉质柔软,品质上乘。产地于 6 月中下旬成熟,采前落果轻。

(2)水晶杨梅。产于浙江的上虞二都、余姚等地,又称白沙杨梅、西山白杨梅、二都白杨梅,为白杨梅品种中唯一的大果形、深受消费者欢迎的品种。

树势强健,树冠半圆形,叶倒披针形或倒长卵形,长 7.57 cm,宽 2.37 cm,先端圆钝,间或渐尖,边缘间或有锯齿,质薄,淡绿色。果实圆形,纵径 2.68 cm,横径 2.70 cm,单果重 12 g 左右,果面白色,完熟后呈白色或乳黄白色,有些植株有时稍带红色。肉柱圆钝,肉质柔软,汁多,含可溶性固形物 11.8%,味鲜甜,略带酸,品质上等,主供鲜食。核大,重 0.91 g,果实可食率 91%。在余姚 6 月底至 7 月初成熟,是白杨梅中的名种,丰产,但产量不稳,易落果。

本品种和所有缺乏花青素的白杨梅品种一样,适应性较差,抗逆性较弱,在瘠薄、无灌溉条件的土壤无法生长。所以该品种虽然早在20世纪50年代就被发现,但至今投产面积还不到100亩。栽培该品种必须选择山脚肥沃的土地,需精细管理,干旱季节需进行人工灌溉。

(3)大炭梅。产于杭州等地。树势较强健,枝条较稀疏。叶阔倒披针形,质较软,叶脉细而不明显,全缘,略向下反卷。果大,圆球形,平均单果重14.5 g,果表深黑色似炭,故得名。果蒂大而明显突起,翠绿色,果梗较细。肉柱先端钝圆,缝合线不明显。汁多,味甜,可溶性固形物含量10.3%,含酸0.59%,品质上等。产地于6月25日前后成熟。

(4)早荠蜜梅。是近年浙江省农业科学院园艺研究所和慈溪市杨梅研究所从荸荠种杨梅中选育出的实生早熟品种。树势中庸,树冠圆头形。叶较小,长7.6 cm,宽2.75 cm,两侧略向上。果形扁圆,平均单果重9 g,完熟时呈深紫红色,光亮,肉柱顶端圆钝,可溶性固形物含量12.38%,含酸1.26%,味甜酸,品质优良。产地于6月上中旬成熟,比荸荠种早10余天采收。该品种进入结果期较早,抗逆性强。

(5)晚荠蜜梅。是近年浙江省农业科学院园艺研究所和余姚市杨梅研究所从荸荠种杨梅中选育出的晚熟营养系变异种。树势强健,枝叶茂盛,树冠呈圆头形。叶较大,色浓绿。果实扁圆形,平均单果重13.0 g,完熟时呈紫黑色,富光泽,肉柱顶端圆钝,可溶性固形物含量13.0%,含酸1.0%,可食率95.6%,甜酸适口,品质上乘,鲜食与罐头加工兼优。成熟期晚,产地余姚于7月5—10日成熟。该品种结果性能好,丰产稳产,抗逆性强,对高温干旱有较强的忍耐力。

(6)细蒂杨梅。原产于江苏省吴县洞庭东山,为吴县杨梅的主栽品种。现已传播至江苏南部的溧阳、常熟、无锡等市（县）。树冠直立高大，枝梢粗短，较密生。细蒂杨梅有两个品种，即大叶细蒂和小叶细蒂。果大，圆形或扁圆形，平均单果重 10.5 g（小叶细蒂）和 14.7 g（大叶细蒂），平均纵横径 2.6～2.7 cm（小叶细蒂）和 2.9～3.0 cm（大叶细蒂），蒂部宽，深凹入，果蒂很少，故称细蒂。缝合线宽，深而明显。肉柱有尖刺和圆刺并存，采收前期和终期以尖刺居多，中期以圆刺为多。果面深紫红色，果梗长 1 cm 左右，柔软多汁，可溶性固形物含量 12.3%，含酸量 0.36%，可食率 95%。在吴县 6 月底 7 月初成熟，属中熟品种。

大叶细蒂和小叶细蒂的树形和果形相似，但产量和品质差异很大。大叶细蒂产量低，但品质特佳；小叶细蒂产量虽高，但风味淡，品质不及大叶细蒂。两个品种的耐储性都较差。

（7）光叶杨梅。原产于湖南靖州，因首株母树生长在木洞上冲，故俗称上冲杨梅，也叫木洞杨梅。现已成为湖南西南部靖州、会同、洪江一带的主栽品种。当地是江南丘陵向云贵高原过渡地带，十分适宜杨梅的生产，近年发展较快，种植面积近 2 万亩。

该品种树冠半圆形、开张。叶椭圆形，全缘。果实圆形，单果重 13 g 左右，果顶有放射状浅沟，延至果实中部，肉柱圆钝，有像油浸状光泽，颜色深红带紫。含可溶性固形物 12.5%，含酸量 1.1%，味甜微酸，品质上等。靖州 6 月中旬成熟，着果率高，采前落果少，产量稳定，单产仅次于大叶杨梅。其主要缺点是成熟期较短，不耐储藏与运输。应引进外地不同成熟期的优质品种搭配种植，以延长供应期和提高耐储运性能。

(8)乌酥核。原产于广东潮阳,是近年来选出的良种。本品种树势强健,树冠半开张,半圆头形。叶长倒卵形,正面深绿色,背面淡绿色,长 3.5~6 cm,宽 1.5~2.5 cm,全缘无锯齿,前半部较宽而圆钝,先端微凹,叶基部楔形渐尖。果实近圆球形,平均重 12 g,最大可达 16 g,成熟时呈紫红色或紫黑色。果柄粗而短,肉质细软,汁多味甜,核小。含可溶性固形物 12.4%,含糖 10.2%,含酸 0.8%,可食率 94%。在广东惊蛰后开花,6 月上旬成熟。

该品种主要优点是果形大,品质优,外形美观,产量较高,嫁接苗种植后 3~5 年结果,15 年生树株产达到 130 kg,成熟期耐湿性强,在多雨的情况下不致大量落果。其主要缺点是花期怕严寒雨雾,需肥量较多,产量不稳定,寿命短,对肥培管理水平要求较高,在肥水不足时容易引起大小年结果现象,质量差;花期低温多雨时,影响授粉受精,造成歉收。